Klimaneutral
Verlag
ClimatePartner.com/53585-1805-1001

Selbstverpflichtung zum nachhaltigen Publizieren

Nicht nur publizistisch, sondern auch als Unternehmen setzt sich der
oekom verlag konsequent für Nachhaltigkeit ein. Bei Ausstattung und Produktion
der Publikationen orientieren wir uns an höchsten ökologischen Kriterien.
Dieses Buch wurde auf 100 % Recyclingpapier, zertifiziert mit dem FSC®-Siegel und
dem Blauen Engel (RAL-UZ 14), gedruckt. Auch für den Karton des Umschlags
wurde ein Papier aus 100 % Recyclingmaterial, das FSC®-ausgezeichnet ist, gewählt.
Alle durch diese Publikation verursachten CO_2-Emissionen werden durch Investitionen
in ein Gold-Standard-Projekt kompensiert. Die Mehrkosten hierfür trägt der Verlag.

Mehr Informationen finden Sie unter:
http://www.oekom.de/allgemeine-verlagsinformationen/nachhaltiger-verlag.html

Bibliografische Information der Deutschen Nationalbibliothek:
Die Deutsche Nationalbibliothek verzeichnet diese Publikation
in der Deutschen Nationalbibliografie; detaillierte bibliografische
Daten sind im Internet über http://dnb.d-nb.de abrufbar.

© 2018 oekom verlag München
Gesellschaft für ökologische Kommunikation mbH
Waltherstraße 29, 80337 München

Layout und Satz: Reihs Satzstudio, Lohmar
Korrektorat: Maike Specht, Berlin
Lektorat: Eva Rosenkranz
Druck: Friedrich Pustet GmbH & Co. KG, Regensburg

Alle Rechte vorbehalten
Printed in Germany
ISBN 978-3-96238-056-4

RECYCLED
Aus
Recyclingmaterial
FSC
www.fsc.org
FSC® C014889

TOBI ROSSWOG

AFTER WORK

Radikale Ideen für eine Gesellschaft jenseits der Arbeit

Inhalt

Einleitung

Arbeit? Nein danke!
Faulsein? Keine Lust!

Als ich fünf Jahre alt war, sagte mir meine Mutter immer,
dass Glücklichsein der Schlüssel zum Leben sei.
In der Schule fragten sie mich dann, was ich mal werden möchte,
wenn ich groß bin. Ich schrieb hin: »Glücklich.« Sie sagten mir,
dass ich die Aufgabe nicht verstanden hätte, und ich sagte ihnen:
»Ihr habt das Leben nicht verstanden.«

JOHN LENNON

Zugegeben, der Titel »After Work« mag im ersten Moment verwirren – lädt er doch dazu ein, an After-Work-Partys oder ein sportlich-entspanntes Work-out zu denken. Nach getaner Arbeit. Doch darum geht es hier nicht. Vielmehr geht es mir um eine Welt, in der wir nicht mehr arbeiten müssen und stattdessen endlich tätig sein dürfen – eine Gesellschaft *nach* der Ära der (Lohn-)Arbeit.

Die Diskussion um den Sinn und Unsinn des klassisch gewordenen Arbeitskonzepts im Sinne der Lohnarbeit – »Ich gehe an eine Arbeitsstätte und verrichte dort eine Tätigkeit, die mit meinem eigenen Leben nicht unmittelbar etwas zu tun hat, bekomme dafür Geld und ›lebe‹ dann nach dem Feierabend« – wird schon seit langer Zeit immer wieder von Philosophinnen und Sozialforschern aufgeworfen.[1] Momentan nimmt die Debatte durch die immer schneller fortschreitende Automatisierung an Fahrt auf. Laut einer Studie der Oxford-Universität von 2013 wird fast die Hälfte der Beschäftigten in den USA in den nächsten zwanzig Jahren durch Computer und Algorithmen ersetzt werden können,[2] und die Medien fragen sich: »Was machen Millionen Taxi- und Lkw-Fahrer rund um die Welt, wenn autonomes Fahren zum Standard wird? Was wird aus Postboten, wenn die Auslieferung mithilfe autonomer Autos, Roboter oder Drohnen funktioniert?«[3] Als Reaktion auf diese Entwicklungen versucht die Politik – in diesem Thema geeint – händeringend nach neuen Arbeitsfeldern. Doch wozu eigentlich? Die Tatsache, dass in den Ländern des globalen Nordens ein steigendes Bruttoinlandsprodukt nicht zu einer Steigerung des Glücks führt, ist längst zur akzeptierten Binsenweisheit geworden. Wirtschaftswachstum als absolutes und alleiniges Ziel steht längst in der Kritik, die Vorstellung eines guten Lebens statt eines superproduktiven rückt zunehmend in den Vordergrund. Nur an das Konstrukt »Arbeit« trauen wir uns immer noch nicht ran. Auf den viel diskutierten Vorschlag eines bedingungslosen Grundeinkommens als Reaktion auf die steigende Verdrängung des Menschen aus der industriellen Produktion wird von Gegner*innen oft eingewendet, dass Menschen ohne Arbeit ihr Selbstwertgefühl verlieren würden. Ich frage mich aber: Wieso braucht es Arbeit für das Selbstwertgefühl, wenn es Arbeit doch gar nicht braucht?

Die anfänglichen Assoziationen mit dem Begriff »After Work« werfen auch ein bedenkliches Licht auf unser Leben mit der Arbeit: Was macht es mit uns, dass wir nur vor und nach der Arbeit »leben«? Warum fühlen wir uns nur ohne sie frei, und warum dominiert Arbeit trotz dieser Abneigung so stark unseren Alltag? Vieles in unserem Leben dreht sich um Arbeit. Wenn wir in jungen Jahren einen Abschluss machen, um später eine Arbeitsstelle zu bekommen, wenn wir Freiwilligendienste und Praktika absolvieren, um unseren Lebenslauf zu schmücken, wenn wir in fremde Städte ziehen, um die Chancen auf einen besseren Job zu erhöhen … Unsere »mentalen Infrastrukturen«[4] – um mit dem Sozialpsychologen Harald Welzer zu sprechen – lassen es uns gar nicht anders denken, als dass Arbeiten notwendig ist. Nicht umsonst lauten die zwei entscheidenden Fragen in unserer Biografie:

---

1. *»Was möchtest Du später mal werden?«*
Und später dann:
2. *»Was arbeitest Du?«*

Die beiden Theoretiker Frederic Jameson und Slavoj Žižek sagten einmal, es sei heutzutage einfacher, sich das Ende der Welt vorzustellen als das Ende des Kapitalismus. Genauso wenig können wir uns eine Welt jenseits der Arbeit vorstellen. Dabei gibt es sie noch gar nicht so lange – wir Menschen haben lange ohne dieses Konzept existiert. Unsere Vorfahren haben sich natürlich auch darum kümmern müssen, sich selbst und ihre Kinder satt zu bekommen. Doch haben sie dafür sicherlich nicht, wie es heute leider immer noch gängig ist, ihre eigenen Kinder zurücklassen müssen, um am anderen Ende der Welt gegen »gutes Geld« die Kinder anderer Leute zu versorgen.

Arbeit ist sinnlos, entfremdet, ausbeuterisch, krankmachend, zerstörerisch und hierarchisch. Ihr zugrunde liegt die Tauschlogik, die auf dem Prinzip von Leistung und Gegenleistung beruht, welches zu Selbstverwertung, Leistungszwang und Optimierungswahn führt. Wir arbeiten nicht aus intrinsischer, also innerlicher, sondern aus extrinsischer Motivation: für das Geld, mit dem wir unsere Grundbedürfnisse nach einem Dach über dem Kopf, einen gefüllten Bauch, Anerkennung und einigem mehr erfüllen. Vielen macht das keine Freude. Wir quälen uns nach dem Klingeln des Weckers aus dem Bett.

Aber es gibt eine Alternative, die ich nicht mehr als Arbeit bezeichne: die des Tätigseins aus intrinsischer Motivation – ein Akt der Selbstbestimmung, der sinnhaften Verantwortungsübernahme, um wirklich das zu tun, was uns und andere weiterbringt und aufgrund unseres inneren Drangs in verschiedenster Form Ausdruck findet. Leider ist es in unserer Welt fast unmöglich, selbstbestimmt tätig zu sein, da Konstrukte und Strukturen vorherrschen, die nur wenigen privilegierten Menschen Handlungsfreiheit zusprechen: Eigentum, Tauschlogik beziehungsweise Geld – und eben Arbeit. Selbst die sogenannten hohen Tiere des kapitalistischen Wirtschaftssystems müssen sich diesen Strukturen unterwerfen.

Warum es keine gute Arbeit gibt und der Kapitalismus uns nicht helfen kann

Es gibt viele Brillen, durch die wir die Welt und ihre ökonomische Logik erklären können. Ein Erklärungsversuch, der möglichst nah an der alltäglichen Erfahrungswelt liegt, ist folgender: Arbeit, Eigentum und Geld/Tausch sind untrennbar miteinander verbunden und bilden kapitalistische Grundkonstanten. Dieser Dreiklang gilt sowohl auf individueller Ebene als auch auf gesellschaftlicher: Arbeit ist das Einzige, was wir tun, Geld das, was unsere Beziehungen prägt, und Eigentum alles, was wir haben.

Oder genauer: Eigentum haben die wenigsten von uns. Eigentum ist das, was über unseren Bedarf hinausgeht. Besitz ist das, was wir benutzen und gebrauchen. Und damit ergibt sich folgender Zusammenhang: Wir gehen arbeiten, um Geld zu verdienen, um damit das Eigentum anderer Menschen zu bezahlen. Das meinte Karl Marx mit der »doppelten Freiheit des Arbeiters« – und letztlich aller beschäftigten Personen, inklusive kleiner Selbstständiger: Wir sind nicht versklavt, sondern frei, unsere Arbeitskraft zu verkaufen. Da wir aber auch frei von Produktionsmitteln sind, müssen wir uns doch verkaufen. Denn: Ohne Arbeit haben wir kein Geld, und ohne Geld haben wir nichts zu essen, nichts zum Anziehen und nichts zum Wohnen – oder das Jobcenter im Nacken, dass uns die Hölle heißmacht, endlich einen Job zu suchen. Dabei können wir uns noch so anstrengen, aber ohne Eigentum können wir in der kapitalistischen Hierarchie nicht aufsteigen. Durch Arbeit reich zu werden ist heute kaum noch möglich. Die Schichten differenzieren sich inzwischen wieder in einem längst überwunden geglaubten Ausmaß aus: Im Jahre 2016 besaßen acht Männer so viel wie die ärmere Hälfte der Weltbevölkerung zusammen.[5] 2015 waren es noch 62 Menschen.

Aus diesen Beobachtungen darf nun nicht der Fehlschluss entstehen, dass diese wenigen Männer von Grund auf böse sind und wir nichts an der Lage ändern können. Nur sind es nicht die Positionen Einzelner, die geändert werden müssen, sondern systemische Zwänge, die es zu verändern gilt. Denn: Verantwortung und Macht haben nicht nur diese acht Männer, sondern auch wir. Wir müssen aufhören, das kapitalistische Machtgefälle als natürlich zu akzeptieren, und anfangen, uns nicht mehr als Humankapital in einer Pyramide des Erfolgs zu verstehen.

Selbstverständlich handelt es sich bei dieser Kapitalismuskritik um eine Simplifizierung und damit eine Reduktion komplexer Zusammenhänge. Andere haben das bereits tiefer analysiert.[6] Aber selbst aus diesem kurzen Blick auf das System wird klar: Der Kapitalismus wird uns nicht helfen. Wir brauchen eine radikale Kritik der Arbeit. Es gilt, diesen Mythos zu dekonstruieren und praktische Ideen zu skizzieren.

Das Ziel von »After Work«

Dieses Buch basiert neben vielen kritischen Perspektiven auf einer grundlegend positiven Überzeugung: Wir können die Welt verändern! Eine Veränderung unserer Umwelt hat längst angefangen. Ob wir sie aktiv mitgestalten oder nicht, ist jetzt unsere Entscheidung. Wollen wir einen Wandel by design oder by desaster?

Reisen wir gedanklich einmal ein paar Jahrzehnte in die Zukunft:

Es ist das Jahr 2050. Wir stehen mit einem Kind hoch oben auf einem Berg und blicken hinunter auf die Welt.
Wir sehen den Himmel, der von dunklen Rauchwolken durchzogen ist, und riechen stinkende Luft. Das Wasser des Flusses unter uns ist vergiftet und lässt kein Leben mehr zu. Die Pflanzen sind vertrocknet und grau.
Dieses Kind fragt: »*Warum ist die Erde so zerstört?*«
Und wir müssen antworten: »*Na ja, für die Arbeitsplätze und das Wirtschaftswachstum war das gut.*«

Ist das wirklich die Ausrede, die wir den künftigen Generationen geben wollen? Die Absichten einzelner Unternehmer*innen mögen noch so gut sein – solange die kapitalistischen Marktstrukturen bestehen, wird jedes Unternehmen spätestens, wenn es unter stärkeren Wettbewerbsdruck gerät, Natur vernutzen und die Arbeiter*innen – im Zweifel in einem Billiglohnland – zur Produktivität antreiben. Wir alle sind in einem solch fast unaushaltbaren Spannungsfeld gefangen. Auch für die Einzelperson reicht es nicht, einfach einen anderen, »besseren« Beruf zu finden. Marianne Gronemeyer, die unter anderem das Buch »Wer arbeitet, sündigt« geschrieben hat, spricht es deutlich aus: »Bei genauerem Hinsehen wird man feststellen, dass beinah alles, was heute berufsmäßig an Arbeit verrichtet wird, menschen- und naturschädigend ist.«[7]

Wir müssten radikal neue Wege einschlagen, um die Verhältnisse zu ändern. Gleichzeitig stehen wir ständig unter Druck, uns dem Sys-

tem zu beugen, um ein gutes Leben führen zu können. Und die Veränderung wird ihre Zeit brauchen. Dieses Buch möchte daher Wege
aufzeigen, wie wir schon jetzt im Einzelnen und im Kollektiv Verantwortung übernehmen und uns von dem Konstrukt Arbeit befreien
können. Denn wenn immer ich eine Person erlebe, die erdrückt wird
unter ihrer Arbeit oder dem Druck, eine zu bekommen, möchte ich sie
in den Arm nehmen und sagen: »Du bist gut, so wie du bist. Es ist die
Arbeit! Arbeit ist das Problem.«

Bei diesem Vorhaben wird es unweigerlich zu viel Kritik kommen.
Diese möchte ich einladen. Ich möchte mit diesen Ideen angreifbar
sein und gerne in einem wohlmeinenden sowie konstruktiven Austausch gemeinsam andere Horizonte erfahren. Ich lade jede*n dazu ein,
direkt in den Austausch mit mir oder anderen zu treten, gemeinsam
weiterzudenken und sich kritische und vielleicht provokante Impulse
zu geben, gegenseitig beim Vorlesen oder nach einem meiner Vorträge.
Durch einen solchen Austausch können die Zeilen des Buches lebendig werden. Die Ökonomin, Historikerin und Aktivistin Friederike
Habermann fasst es Bezug nehmend auf die Zapatistas so zusammen:
»Woraus gebiert also das Neue? Nicht aus Dir. Nicht aus mir. Sondern
zwischen uns. Im ›choque‹, dem Zusammenstoß.«[8] Auf gesellschaftlicher Ebene kann es unweigerlich zu Reibung und Konflikten kommen,
doch wie es bei der Band »Arbeitstitel Tortenschlacht« in einer Lied-
zeile heißt: »Reibung erzeugt Wärme, und wir leben in einer bitterkal-
ten Zeit – dass wir uns reiben, zeigt: Wir sind zum Erfrieren noch nicht
bereit.«[9]

Was möchte »After Work« konkret?

Das Buch möchte dazu einladen, den eigenen Alltag zu verändern, sich **1.**
als Gestalter*in im Sinne eines transformativen Subjekts und nicht als
Konsument*in zu verstehen, nicht auf Politik, Markt und Staat wartend,
sondern loslegend und sich anders (gemeinsam im Kollektiv) organi-
sierend.

Es möchte Fragen aufwerfen und Ideen liefern, aber keine allgemein- **2.**
gültigen Antworten predigen.

Es will plakativ und provokant Impulse geben, um Menschen aus der **3.**
Komfortzone herauszukitzeln und zur kritischen Auseinandersetzung
mit dem Thema anzuregen.

In diesem Buch werden viele Fakten bewusst kurz und knapp präsentiert. Damit sind sie notwendigerweise verkürzt dargestellt. Ein Buch
ist immer auf eine gewisse Seitenanzahl begrenzt, die Gedanken aber
sind frei. Ich möchte dazu einladen, Dich mit Deinen Mitmenschen
auszutauschen, um gemeinsam weiterzudenken und zu Handlungen
anzuregen. Das Buch muss dabei nicht vom ersten bis zum letzten Wort
durchgelesen werden, vielmehr soll es zum Stöbern einladen. Es soll
anspornen, bisher Geglaubtes zu hinterfragen, dazu einladen, außerhalb der Box zu denken. Lasst uns zusammen auf die Reise gehen. Diese
Reise kann und mag aufwühlen, aber auf keinen Fall soll sie den moralischen Zeigefinger erheben. Wir sind zwar alle Teil des Problems, aber
auch Teil der Lösung.

Etappen auf meinem eigenen Weg
ins Leben ohne Arbeit

Meine Geschichte vom Arbeitsfetisch zur Arbeitskritik ist lang und führt durch verschiedene Etappen – ein paar davon will ich teilen, um zu Fragen über das eigene Leben anzuregen: Gab es solche Impulse und Momente auch bei Dir? Wie hast Du entschieden? Welchen Weg gehst Du gerade? Und: Wie möchtest Du leben?

1990 Ich beginne ganz am Anfang: mit meiner Geburt. Am 11. Juli 1990 bin ich mit einer Herausforderung auf die Welt gekommen: einem kiloschweren Tumor am Steißbein – der Rest von mir wog nicht viel mehr als das Doppelte. Die Diagnose der Ärzt*innen war klar: Dieser Junge würde niemals laufen können.

Doch meine Eltern glaubten nicht an dieses Urteil. Nun bin ich zwar kein Spitzensportler geworden, aber ich kann mich heute beinahe problemlos von A nach B bewegen. Für mich war das der erste wichtige Impuls, den mir meine Eltern geschenkt haben: Wir müssen das Unmögliche probieren, um das Mögliche zu schaffen, und auf keinen Fall vermeintlichen Autoritäten Glauben schenken, die meinen, dass etwas nicht funktionieren könne oder sowieso noch nie funktioniert habe. Der Versuch, über die vermeintlichen Grenzen des Machbaren zu gelangen, ist zwar keine Garantie für ein Gelingen, aber von vorneherein aufzugeben ergibt gar keinen Sinn. Außerdem ist mir bewusst geworden: Das Leben ist ein Geschenk! Es ist mir zu wichtig, um es mit Arbeit zu vergeuden.

Diese Erfahrung des scheinbar Unmöglichen lehrt mich bis heute ein konstruktiv-kritisch-skeptisches Hinterfragen, wenn Menschen mit scheinbaren Totschlagargumenten argumentieren: »Aber das macht man doch so.« Oder: »Das geht nicht anders.« Oder noch schlimmer: »Das ist doch normal, natürlich und notwendig.« »Das haben wir immer schon so gemacht«. Mit diesen Glaubenssätzen konstruieren wir uns selbst eine Realität. Solche Narrative setzen sich tief in unserem Bewusstsein fest: Wenn ich mein ganzes Leben lang gesagt bekomme, dass ich nicht rechnen oder malen kann, werde ich später beinahe garantiert nicht rechnen oder malen können. Es ist eine selbsterfüllende Prophezeiung, der ich mich unhinterfragt unterwerfe.

Meine Eltern waren natürlich in Sorge um meine Zukunft. Für sie stand **2002** fest, dass ich gut in der Schule sein müsse, damit ich später studieren und am besten irgendwie verbeamtet werden kann, denn körperlich harte Arbeit kann ich nicht verrichten. Also strebte ich gemäß ihrem Wunsch nach guten Noten – glücklicherweise fiel mir das leicht. Natürlich nur, indem ich mich gegen meine Mitschüler*innen durchsetzte.

Als Kind des Kapitalismus wollte ich neben der Schule auch immer ein wenig Geld dazuverdienen – davon kann mensch schließlich nie genug haben. Ein Erlebnis von 2002 zeigt mir im Nachhinein gut, was so ein Streben nach Geld mit Menschen machen kann. Ich gewann damals in der Computer-AG den ersten Preis für die Gestaltung unserer Schulhomepage. Die Gruppe, die vor uns bei der Preisverleihung auf der Bühne stand, bekam ein Handy geschenkt. Ich freute mich schon riesig, nun endlich auch ein Handy in den Händen halten zu dürfen. Doch als wir an die Reihe kamen, gab es stattdessen ein Programm zur Erstellung von Websites: Microsoft Front Page 2002. Das hatte ich bereits zu Hause. Enttäuscht fragte ich mich auf dem Heimweg, was ich nun mit diesem Geschenk machen könnte. Zu Hause angekommen, recherchierte ich und fand heraus, dass das Programm für etwa 100 Euro auf eBay gehandelt wurde – was für eine Freude! Da ich noch nicht alt genug war, um dort zu verkaufen, organisierte ich mir einen Zwischenhändler, dem ich fünf Prozent Provision versprach. Nach einer Woche hatte ich 95 Euro auf meinem Konto. Aber dabei beließ ich es nicht. Mir kam der Gedanke, dass die anderen Mitglieder der Computer-AG vermutlich gerade dasselbe Programm in irgendwelchen Regalen verstauben ließen. Also nahm ich 50 Euro, besuchte damit meine fünf Freunde aus der AG und machte ihnen ein Angebot, das sie nicht ausschlagen konnten: Ich bot ihnen 10 Euro für ihr Programm – mit der inneren Legitimation, dass es doch eine Heldentat sei, wenn sie wenigstens noch die paar Euro hätten anstatt gar nichts. Nach einer weiteren Woche hatte ich insgesamt einen Gewinn von 520 Euro eingefahren.

Es ist unglaublich, wozu ich mich habe verleiten lassen: dem Be-
scheißen meiner Freund*innen für Geld, das ich nicht mal dringend
brauchte. Ein Handy habe ich mir dafür übrigens nicht gekauft. Schließlich gibt mensch sein Geld nicht aus, sondern spart es brav. Wofür?
Das war mir auch nicht so richtig klar. Vermutlich, um das ultimative
Ziel zu erreichen: reich zu werden.

2006 Zum ersten Mal hinterfragte ich diese Absurditäten während einer
Praktikumsbewerbung im Bereich Maschinenbau bei einem großen
Konzern. Dort gab es für alle Bewerbungen ein Assessment-Center, wo
uns Bewerber*innen gleich zu Beginn erzählt wurde, dass wir zu viele
seien und es nicht genug Plätze gebe. Sofort waren wir auf Konkurrenz
gedrillt, was zu unschönen Situationen führte. Obwohl ich die Bewer-
bung »gewann«, fühlte ich mich am Ende unwohl. Das war eine für
mich zutiefst wichtige Erfahrung.

Auch das Praktikum war nicht gerade erfüllend, und mir wurde
schnell klar, dass so ein Leben für mich nicht infrage kam: inmitten von
Männern, die rau und laut redend ihre Wertigkeit verteidigen mussten;
Männer, die in ihrem Achtstundenarbeitstag nur das Nötigste erledig-
ten und den Rest der Zeit mit belanglosem Small Talk und vielen anderen Zeitvertreibungsstrategien verbrachten.

Damals fragte ich mich das erste Mal: Warum machen Menschen
das? Warum sind sie nicht einfach so lange tätig, wie es sinnvoll ist, und
verbringen dann den Rest der Zeit wenigstens wirklich frei und selbstbestimmt?

2007 Dies war das Jahr, in dem ich das mich angrinsende Stück Mortadella-
Bärchenwurst nicht mehr einfach ignorieren konnte. Nachdem ich
17 Jahre lang morgens, mittags und abends Fleisch gegessen hatte, wurde mir plötzlich klar, dass dieses leblose Stück Wurst mal ein leben-
diges Tier gewesen war. Und ich entschied, dass ich diesen Fleischkonsum nicht weiter unterstützen wollte. Es hatte auch schon als Kind
nicht meiner Moral entsprochen, doch mir war es lange gelungen, diesen Zusammenhang total auszublenden – schließlich war Fleischessen
doch normal, natürlich und notwendig. Mir war immer gesagt worden,
so würde ich groß und stark werden.

Dieser erste Gegenimpuls machte mir klar, dass letztlich alles hinterfragt werden muss. Denn wenn mir etwas so Offensichtliches, wie unser fehlgeleiteter Fleischkonsum, tagtäglich auf dem Teller präsentiert wird und ich es trotzdem nicht erkennen kann, dann gibt es über den Tellerrand hinaus sicherlich viele andere versteckte Grausamkeiten, die ich einfach so reproduziere, ohne es zu merken. Ich begann damals beispielsweise, Schule noch kritischer zu betrachten, absolvierte allerdings noch auf Anraten meiner Eltern das Abitur – denn mit diesem in der Hand wäre ich schließlich frei zu tun, was ich wolle. Später zeigte sich, dass diese Logik sich beim Studium, der Ausbildung und vielem anderen einfach wiederholt – eine vermeintlich unaufhaltsame Spirale.

Im selbstverständlichen und fast schon vorauseilenden Gehorsam studierte ich nach dem Abitur ein paar Semester. Auch das Studium erfüllte mich aber keineswegs: Eigentlich sollte ich nur möglichst viel Stoff in mich hineinfressen, der für meinen Alltag keinerlei Relevanz hatte. Das empfand ich als sinnlose Zeitverschwendung. Als die Bauchschmerzen immer größer wurden, gab es kaum noch ein Zurück (»nur noch den Bachelor, danach bist du ja frei … «). Ein Aha-Moment kam dann allerdings auf einem von mir gestalteten Projekttag. An dessen Ende wurde ich gefragt, warum ich denn so etwas nicht öfter mache. Meine Antwort war ganz einfach: »Weil ich ja noch studiere.« Zunächst schien mir und den anderen diese Antwort völlig schlüssig. Auf dem Rückweg allerdings dachte ich genauer darüber nach und fragte mich: »Warum studierst Du eigentlich?« Studierte ich wirklich nur, um ein Stück Papier zu erhalten, das es mir erlaubte, etwas zu tun, was ich eigentlich längst schon tat? Das befriedigte mich nicht länger. Der Widerspruch war zu groß geworden.

Ich beschloss damals, einen durchaus radikalen Schnitt zu setzen, und entschied innerhalb einer Woche, all mein Geld und Eigentum zu verschenken, mich von meinen Eltern, Mitbewohner*innen sowie einer Professorin zu verabschieden und loszureisen. Die fünf Prozent Studiumsinhalt, die ich wirklich für meine Praxis brauchte, wollte ich mir in einem Prozess des Freilernens organisieren, indem ich Seminare zu genau den Themen besuchte, die mich bewegten und die für mich sinnvoll waren. Es war eine Reise im Vertrauen, dass alles da sein werde, was ich zum Überleben brauche, und dass ich mein Talent einfach in die Gesellschaft einbringen konnte.

Auf diesem Weg traf ich Pia Damm. Mit ihr gemeinsam konnte ich konsequent zweieinhalb Jahre lang geldfrei leben sowie verschiedene Projekte und Aktionen verwirklichen. Letztlich wurde so das Netzwerk »living utopia« initiiert: anfangs völlig geldfrei, inzwischen tauschlogikfrei.

Dafür haben wir beide erfolgreich unser Studium abgebrochen und immer wieder zu spüren bekommen, wie sehr der Ausstieg aus der gesellschaftlichen Logik andere Menschen verunsichert. Eine Geschichte von Pia zeigt das ganz deutlich: Ihre Mutter ist Schneiderin in einer kleinen Stadt und hat demnach viel mit unterschiedlichen Menschen zu tun. Und wie es sich für eine*n gute*n Kund*in gehört, fragten viele der Menschen, was denn das »Töchterchen« so mache. Als Pia noch studierte, war die Antwort einfach: »Pia studiert. Ethnologie.« Darauf folgte sofort ein anerkennendes »Ach, wie schön«, und die höfliche Neugierde war gestillt. Das Paradoxe daran ist, dass die meisten Menschen gar keine Ahnung davon haben, was Ethnologie genau ist. Das war auch egal. Es hätte genauso gut Waffenkunde sein können. Der Inhalt spielte keine Rolle, es ging um die akzeptierte Daseinsberechtigung durch diese anerkannte Zeitver(sch)wendung namens Studium. Damit hatte es sich. Das erlebe auch ich immer und immer wieder. Nach dem Abbruch des Studiums war die einfache Antwort nicht mehr möglich. Für Pias Mutter wurde die Frage unangenehm, weil es keine standardisierte Antwortmöglichkeit mehr gab, die sofort zur Befriedigung des mehr oder weniger ehrlichen Interesses taugte. Dieses gesellschaftliche Phänomen ist ein harter Brocken, welchen wir überwinden müssen, damit wir mehr kreative Freiräume bekommen, um wirklich zu erkunden, was wir zur Gesellschaft beitragen möchten.

2014 Wir leben ständig in einem uns zerreißenden Rollenkonflikt. Diese Erkenntnis verdanke ich pointiert einem Streitgespräch an der Universität in Lüneburg während der Leuphana-Konferenz, die für und von den Erstsemester-Student*innen jährlich gestaltet wird. Nach meinem Vortrag auf dieser Konferenz im Frühjahr 2014 fand ich im Programm den Punkt »TTIP-Befürworter gegen TTIP-Gegner«. Es ging also um das Transatlantische Freihandelsabkommen zwischen Europa und den USA. Das versprach, unterhaltsam zu werden: ein authentisches Theaterstück. Also ging ich hin. Wie erwartet, waren die Rollen klassisch verteilt: Der TTIP-Befürworter war ein Ökonom, der TTIP-Gegner ein Ökoaktivist. Gegen Ende der Diskussion wurde es für den TTIP-Befürworter eng, und er sagte so etwas wie: »Als Vater finde ich dieses TTIP auch nicht gerade sinnvoll, aber als Ökonom gibt es Zahlen und Argumentationsketten, die dafürsprechen.« Ich stellte mir damals quasi stellvertretend für den Mann auf der Bühne die Frage: »Bin ich erst Mensch und dann Ökonom*in oder erst Ökonom*in und dann Mensch?« Diese Frage sollten sich nicht nur bestimmte Berufsgruppen stellen, sondern wir alle. Sollten und können wir Berufliches und Privates wirklich trennen? Ganz einfach gesprochen, fehlten mir genauso wie der Betriebswirtin und Publizistin Elisabeth Voß und vermutlich vielen anderen Menschen die »grundlegende Zustimmung zur hierarchisierenden Arbeitswelt und die Bereitschaft, in vorgegebene Rollen zu schlüpfen«.[10]

Nach all diesen Etappen, die noch um unzählige weitere Impulse ergänzt werden könnten, bin ich dankbar und glücklich, ohne Arbeit leben zu dürfen. Mit einer inneren Klarheit: Ich möchte das gute Leben nicht nur für mich, sondern für alle für immer. Damit geht konsequenterweise Verweigerung meiner Karriere einher, denn ich möchte mich nicht gegen andere durchsetzen im strukturell bedingten Hass gegeneinander. Ich möchte als Teil der Generation Y radikal hinterfragen, warum wir so leben und wie wir das ändern können. Ich verstehe mich als Teil einer Post-Work[11]-Bewegung, die noch tief schlummert, aber die wir gemeinsam erwecken können.

Mit dem Netzwerk »living utopia« versuchen wir, Verantwortung zu übernehmen, indem wir Räume anderer Selbstverständlichkeit gestalten, wo Menschen sich frei von Leistungsdruck, Selbstoptimierungswahn und Verwertungslogik begegnen. Wir sagen dabei Nein zu Arbeit, aber Ja zum Tätigsein.

Heute

Nun geht's aber los. Nach einem Blick auf meine persönliche Reise machen wir uns auf den Weg in einige kritische Überlegungen. Denn unsere Arbeit ist mit viel mehr gesellschaftlichen und ökologischen Aspekten verbunden, als es vielleicht auf den ersten Blick scheint. Kein Mensch *arbeitet je einfach nur* – die Arbeit schafft gleichzeitig ein soziales Statement, hat Auswirkungen auf unsere Beziehungen, beeinflusst unser ganz persönliches Glücksgefühl und vieles mehr.

Diese vielen Einzelaspekte sind so in unserem Verständnis von Arbeit verankert, dass wir sie gar nicht mehr aktiv wahrnehmen. Sollten wir aber! Werfen wir doch einmal gemeinsam einen Blick auf die vielen Bereiche des Lebens, die von unserer Arbeit beeinflusst werden, um dann darüber nachzudenken, ob wir diese ganzen Implikationen, die diese Verbindungen mit sich bringen, überhaupt wollen oder brauchen. Dabei sind die folgenden Abschnitte fragmenthaft, impulshaft und ohne Anspruch auf Vollständigkeit. Mögen sie irritieren und inspirieren!

Zum Nachdenken

Wenn Du bei google nach »Arbeit ist« suchst, findest Du:

Arbeit ist

arbeit ist das halbe leben
arbeit ist doof
arbeit ist kraft mal weg
arbeit ist schön
arbeit ist
arbeit ist nicht unser leben
arbeit ist out
arbeit ist leistung mal zeit
arbeit ist nicht alles im leben

Was ist Arbeit für Dich?

WARUM ARBEITEN WIR?

Im Leben ist nichts umsonst. Wir müssen es uns verdienen. Das war doch schon immer so. Arbeit gehört zum Leben wie die Luft zum Atmen. Wir müssen arbeiten gehen, um für unsere Lebenszeit im Austausch Geld zu bekommen. Damit können wir dann unser Leben refinanzieren. Wir scheinen in dieser unüberwindbaren Abhängigkeit festzustecken. Darin versuchen wir es uns dann so bequem wie möglich zu machen, und irgendwann scheint dieses Leben uns sogar angenehm. Aber ist es wirklich so unabdingbar nötig zu arbeiten? Liegt das Bedürfnis, uns in das System Arbeit zu begeben, in uns selbst, oder wird es von einer Gesellschaft erzeugt, die nichts anderes mehr kennt? Ein Blick auf die lautesten Argumente »für Arbeit« zeigt, warum wir wirklich arbeiten.

Bist Du sicher,
dass Du arbeiten willst?
(SICHERHEIT)

Die Vorsichtigen, die Besitzenden wiegen sich in Sicherheit, doch notwendigerweise sind sie alles andere als sicher. Sie sind abhängig von ihrem Besitz, ihrem Geld, ihrem Prestige, ihrem Ego – das heißt von etwas, das sich außerhalb ihrer selbst befindet. Aber was wird aus ihnen, wenn sie verlieren, was sie haben?«[12] So fragte der Philosoph und Psychoanalytiker Erich Fromm. Wenn ich trampe und mir die lieben Menschen, die mich mitnehmen, von ihren Häusern, Autos und dem ganzen anderen Luxus erzählen, stelle ich auch oft diese Frage: »Was wird aus Dir, wenn Du verlierst, was Du hast? Wer bist Du dann noch?« Die Stille im Auto ist dann oft unerträglich, und nach einer Minute kommt ein leises »Ich weiß es nicht«. Genau diese Verlustängste sind es, die fühlende Menschen dazu bringen, entgegen ihrem eigentlichen Wesen unmenschlich zu handeln im Wettbewerb um Arbeit, Geld und Eigentum, denn »wenn ich bin, wer ich bin, und nicht, was ich habe, kann mich niemand berauben oder meine Sicherheit und mein Identitätsgefühl bedrohen«.[13]

Sich von den Scheinsicherheiten im Leben zu trennen ist sicherlich nicht leicht, aber durchaus anzustreben, um sich nicht von den materiellen Abhängigkeiten in Arbeit zwingen zu lassen, die in den meisten Fällen mir selber, den anderen und auch der Erde nicht guttut. Die vermeintliche ökonomisch-materielle Sicherheit wird einer Sicherheit durch soziale Strukturen und Netzwerke vorgezogen und hat einen teuren Preis. Möchten wir den wirklich zahlen? Vermutlich ist die deutsche Sprache auch deswegen so ehrlich und spricht von einem »Geldschein«, der eben nur so scheint, als wäre er etwas wert. Nämlich das, was ich darauf projiziere und woran wir als Gemeinschaft glauben. Denn ich kann noch so viel Geld in den Händen haben, aber wenn mir am Morgen die Bäckerin die Brötchen nicht geben mag, werde ich von den Geldscheinen und Münzen nicht meinen Hunger stillen können. Ich bin als Mensch ein Gemeinwesen und damit abhängig von anderen.

Geld verschleiert das. Als Mensch kann ich nur in Kooperation anstatt in Konkurrenz dauerhaft überleben.

Der Mythos, dass Arbeit der beste Weg aus der Armut sei, wird immer wieder aufgerufen. Dass das nicht stimmt, ist einfach zu zeigen, wenn wir uns das Prekariat als Ganzes anschauen und feststellen müssen: Heute arbeiten Millionen Menschen mit mehreren Minijobs und erreichen doch nicht ihre Existenzsicherung.

Der Klimawandel wartet nicht auf Deine Bachelorarbeit
(ANGST)

Während 2.842.225 Student*innen alleine in Deutschland im Semester 2017/18[14] an den Hochschulen sitzen, um an ihrer Karriere zu basteln, werden Tatsachen geschaffen, die spätestens ihre Kinder negativ und unwiderruflich betreffen werden. Der Klimawandel ist einer davon. Und obwohl den meisten das bewusst ist, machen sie weiter mit im Rad der umweltzerstörenden Arbeit – aus Angst. Angst, nicht mehr mithalten zu können, wenn sie nicht mitmachen. Angst vor einer Zukunft, in der sie keinen Job finden. Und Angst vor dem Unbekannten. Die Triebfeder der Zukunftsangst lässt Menschen Dinge jetzt tun, um später auch ein paar Krümel vom Kuchen abzubekommen und ihren Kindern etwas bieten zu können. Wenn wir so weitermachen, ist aber der Kuchen verbrannt, und auch die Krümel werden dann nicht mehr genießbar sein.

Gleichzeitig ist nur zu verständlich, dass Menschen Angst haben. Seit wir jung sind, lernen wir, dass wir schnell sein müssen, um nicht unterzugehen. Frühförderung beginnt oft noch vor dem Kindergarten, und der Druck wächst in der Schule über die Jahre immer mehr. So wird Angst zu einer unserer größten Motivationen, Dinge zu tun. Wenn wir Hausaufgaben machen, erledigen wir sie oft eher aus Angst vor Strafen oder schlechten Noten als aus Neugier. Und wenn wir überlegen, was wir studieren oder arbeiten wollen, geht es vor allem darum, genug Geld zu verdienen. Warum motiviert uns heute die Angst mehr als unsere Freude? Es ist die Angststarre, die uns regungslos und handlungsunfähig verharren lässt. Die Welt ist grausam und ungerecht, das erfahren wir tagtäglich. Und spielen das Spiel lieber mit, um nicht am Ende des Tages auf der Verlierer*innenseite zu stehen. Die Angst hindert uns, aktiv zu werden, und unterdrückt jegliche Kreativität.

Es wird viel dafür getan, dass überall Angst herrscht. Wenn es nach der ehemaligen Arbeitsministerin Ursula von der Leyen geht, bist Du erst ein vollwertiges Mitglied der Gesellschaft, wenn Du in Arbeit gebracht bist.[15] Gesellschaftliche Anerkennung erfährt mensch also erst, wenn gearbeitet und funktioniert wird. Kein Mensch möchte in die Sanktionspolitik durch Hartz IV kommen, die zu diesem gesellschaftlichen Phänomen beiträgt. Mensch wird bestraft, wenn sie oder er in der Arbeitslotterie keine Arbeitsstelle gezogen hast. Nicht nur, dass es ökonomisch sehr viel schwieriger ist, über die Runden zu kommen, genauso machen einem dann der gesellschaftliche Druck und die konstruierte Verachtung zu schaffen. Darum, dass mensch einen Job findet, der einem liegt und Freude bringt, geht es nicht.

In einem Interview im vergangenen Dezember forderte der Chef der Bundesagentur für Arbeit, Detlef Scheele, von der neuen Regierung massive zusätzliche Finanzmittel für seine Jobcenter. Die Gelder würden dann verstärkt »nach Wirkung« verteilt: Wo die Zahl der Langzeitarbeitslosen sinke, solle das honoriert werden.[16] Im Endeffekt ist das eine Provision, ein finanzieller Anreiz für Jobcenter, immer mehr Menschen aus der Arbeitslosenstatistik verschwinden zu lassen. Es bleibt wohl nichts anderes übrig, als zu vermuten, dass es sich bei dieser gesamten Angelegenheit um eine Arbeitsbeschaffungsmaßnahme handelt. Es könnte fast der Anschein erweckt werden, als ginge es um eine Investition in die Aufrechterhaltung des Arbeitsfetischs. An der Angst, nicht mithalten zu können, wird das nichts ändern, stattdessen wird der Druck auf die einzelne Arbeitslose damit noch verstärkt. Dafür denken die Behörden sich Maßnahmen aus, die zutiefst erniedrigend sind. Ganz absurd wird es durch Scheinarbeit wie im Real Life Training Center in Hamburg, einem für 1,5 Millionen Euro erbauten Übungssupermarkt. In diesem simulierten Supermarkt mussten Arbeitslose einer 40-Stunden-Woche nachgehen, künstliche Produkte aus den Regalen nehmen, um sie mit Übungsgeld an der Kasse zu »bezahlen«, um diese anschließend ins Lager und dann natürlich zurück ins Regal zu stellen.[17] Das Center gibt es zwar heute nicht mehr, aber die Methoden sind nicht deutlich besser geworden und erinnern mehr an Ruhigstellung von Menschen als an die versprochene Hilfestellung.

Diese eine wichtige gesellschaftliche Aufgabe haben die Ausgestoßenen doch noch: Sie dienen als abschreckendes Beispiel. Mit der Angst im Rücken, so zu enden wie sie, trauen wir uns nicht, gegen die unfairen Spielregeln zu protestieren. Der Armutsforscher Christoph Butterwegge bringt es auf den Punkt: »Armut ist gewollt und bewusst erzeugt, weil sie die ›Aktivierung‹, Motivierung und Disziplinierung der Bevölkerungsmehrheit gewährleistet. Die (Angst vor der) Armut sichert den Fortbestand der bestehenden Herrschaftsverhältnisse.«[18]

Denken wir das Ganze konsequent weiter, wird auch ein weiteres gravierendes Missverständnis klar: In unserer Gesellschaft wird Sozialgeld als Gnade der Gesellschaft angesehen. In Wirklichkeit ist es aber nichts anderes als ein erbärmliches Trinkgeld für all jene, die mit Gewalt aus dem Arbeitssystem und seinen Früchten ausgeschlossen werden.

Arbeit macht abhängig.
Fang also gar nicht erst damit an!
(SCHULDEN)

In unserem Leben kommt es auf verschiedene Weisen zu Schulden. Nach der Tauschlogik gedacht, ist die erste Schuld schon in unserer Geburt verwurzelt: Sobald wir geboren werden, haben wir die gesellschaftliche Schuld zu begleichen, als funktionierendes Zahnrad das »Beste« aus uns herauszuholen. Denn: Als Kinder werden wir von anderen durchgefüttert, mit Wissen und allem Nötigen versorgt, und auch als Greise werden wir der Gesellschaft auf der Tasche liegen. Also gilt es, in der kurzen Zeit, in der wir arbeitsfähig sind, so viel wie möglich zu tun, um diese Grundschuld auszugleichen.

Die zweite Schuld kommt dann oft in Form von Geld ganz konkret auf uns zu. Wir müssen, wenn wir nicht im gut betuchten Elternhaus aufgewachsen sind, via Bafög oder anderen Kreditmöglichkeiten

Schulden anhäufen, um Ausbildung oder Studium zu finanzieren. Nach diesem unguten Start bleibt uns nach der Wissensanhäufung gar nichts anderes übrig, als sofort in den Arbeitsmarkt zu drängen, schließlich wollen die Schuldner*innen ausbezahlt werden. Mit wachsendem Gehaltscheck wachsen auch unsere Wünsche: Während wir uns in der Ausbildung oder Studientagen noch mit einer WG, gebrauchter Kleidung und dem Drahtesel zufriedengeben, brauchen wir bald ein feines Auto, teure Urlaube, möglichst ein eigenes Haus und viele andere vermeintliche Selbstverständlichkeiten, um dem gesellschaftlichen Anspruch zu genügen. Also werden wir einen weiteren Kredit aufnehmen müssen. Und so weiter und sofort. Der SchuldnerAtlas der Wirtschaftsauskunftei Creditreform zeigt, dass immer mehr Schulden gemacht werden.[19] So sind wir unser gesamtes Leben an Arbeit gekettet, um diesen Lebensstil aufrechtzuerhalten. Ein Teufelskreis, in dem mit steigender Stufenanzahl auch die Fallhöhe immer höher wird. Alleine durch diese Verkettung von Abhängigkeiten und Verschuldungen ist an ein Ausbrechen aus der Arbeitswelt kaum bis gar nicht zu denken.

Der Philosoph, katholische Theologe und Psychoanalytiker Eugen Drewermann bringt es auf den Punkt: »Wenn wir uns anschauen, was die Hoffnungen der Menschen sind, sind sie fast alle materiell, sehr kurzatmig. Im Grunde nichts weiter als der Treibsatz, um das Hamsterrad weiter zu drehen, in dem sie die Gefangenen sind. Am Ende haben wir Häftlinge, die nur möchten, dass man ihre Zellwände ein wenig auspolstert, ums bequemer zu kriegen. Wir sollten den Ausbruch wagen.«[20]

Wir machen also unsere Schulden, um mitmachen zu können – und ab dann auch mitmachen zu *müssen*. Dabei kommt mir immer wieder dieser Spruch in Erinnerung: »Die kaufen Dinge, die man nicht braucht, von Geld, das man nicht hat, um Leute zu beeindrucken, die man nicht mag.«[21]

WAS MACHT ARBEIT MIT UNS?

Das Problem an Arbeit ist aber nicht nur, dass wir sie oft eigentlich gar nicht bräuchten. Viel schlimmer ist, dass uns Arbeit auf psychischer und physischer Ebene krank macht. Wir schuften uns richtiggehend kaputt. Diese Tätigkeiten, in denen wir einen Großteil unseres Lebens fremdbestimmt verbringen, verändern außerdem unser Denken, Fühlen und vor allem Handeln. Und das nicht nur auf gesamtgesellschaftlicher Ebene, sondern auch auf ganz individueller. Sie ändert die Art, in der wir mit unseren Mitmenschen agieren, und beeinflusst massiv unser Selbstbild. Arbeit lässt uns blind werden für das, was wirklich wichtig ist. Kann uns so ein Leben wirklich glücklich machen?

Arbeit kann Ihnen und den Menschen in Ihrer Umgebung Schaden zufügen
(GESUNDHEIT)

Jede*r kennt die Situation, in die ich damals in der Schule regelmäßig geraten bin: Am Tag vor den Prüfungen war es mir kaum möglich zu schlafen. Ich hatte Albträume oder konnte schlicht nicht einschlafen, sodass ich die halbe Nacht grübelnd wach lag und mir immer wieder gebetsmühlenartig die richtigen Antworten auf kommende Fragen vorsagte. Es war kaum an Entspannung zu denken. Mein Herz klopfte kurz vor dem Erblicken des Aufgabenblattes stark. Und genauso, wenn ich es dann einige Zeit später korrigiert zurückbekam – bis dann endlich die erlösende Note zu entdecken war. Hätte ich so weitergemacht, hätte ich die vielen schlaflosen Nächte und Angstzustände vielleicht gar nicht bis jetzt überlebt. Auch im Arbeitsleben sind wir vor diesen Situationen nicht gefeit.

Arbeit macht krank. Die WHO zählt beruflichen Stress mittlerweile zu den »größten Gefahren des 21. Jahrhunderts«[22]. Der Medizin-Nobelpreisträger Thomas Südhof unterstreicht: »Wir sind nie mehr unerreichbar, nie außer Dienst. Per Mail stehen wir quasi minütlich im Kontakt zu unserer Arbeit. Das kann auf Dauer nicht gut sein.«[23] Rund um die Uhr erreichbar zu sein führt laut einer Studie der Erasmus-Uni Rotterdam zu Burn-out bei vielen Arbeitgeber*innen.[24] In Studien wie den »Global Benefits Attitudes« gibt ein Drittel der Befragten an, von großem Druck und Stress belastet zu sein.[25] Laut der Studie führt das zu mehr Disengagement (Teilnahmslosigkeit), innerer Kündigung (mangelnde Arbeitsmotivation und Minimierung des Arbeitseinsatzes) und größeren Ausfällen. Gemäß dem DAK-»Psychoreport« haben Krankschreibungen wegen psychischer Beschwerden ein neues Rekordniveau erreicht.[26] Demnach erkrankt jede vierte Person im Laufe des Lebens einmal psychisch. Das liegt auch an dem hohen Geräuschpegel, der besonders in der Käfighaltung namens Großraumbüro bei bis zu 70 Dezibel steht – vergleichbar mit einem Rasenmäher.[27] Das führt bei rund 90 Prozent der Arbeitnehmer*innen zu körperlichen und psychischen Problemen. »Bluthochdruck, kognitiver Verschleiß und Rückenleiden sind die Staublunge der modernen Arbeitswelt«,[28] fasst es der Arbeitsphilosoph Patrick Spät treffend zusammen.

Arbeit kann auch tödlich sein. Kennst Du den japanischen Begriff »karōshi«? Übersetzt bedeutet er »Tod durch Überarbeiten« und steht in Japan für Tod durch arbeitsbedingten Stress. Dabei handelt es sich um einen Herzinfarkt oder Schlaganfall. Wir müssen wohl schmerzlich eingestehen, dass Sich-zu-Tode-Arbeiten die einzige gesellschaftlich akzeptierte Form des Selbstmords ist. Nach Zahlen der Internationalen Arbeitsorganisation (ILO) sterben weltweit jährlich 2,3 Millionen Menschen bei der Arbeit, täglich werden fast eine Million Arbeiter*innen verletzt. [29]Aufgrund dieser Ergebnisse reagieren die Unternehmen inzwischen. Beispielsweise gibt es beim Autohersteller Daimler für die Mitarbeiter*innen ein Recht auf Unerreichbarkeit. Warum? Natürlich, weil es die Produktivität steigert.

Wie gut, dass es das Konzept der Work-Life-Balance gibt, das uns einen Ausweg zur Regeneration bereithält. Dieser Ausweg ist allerdings trügerisch: Die dahinterstehende Logik ist, dass Du Dich in Deiner Freizeit nur fit genug halten musst, um Dich diesen unzumutbaren Arbeitsumständen weiter aussetzen zu können. Wie so oft wird dabei versucht, an Symptomen herumzufeilen, ohne die Ursachen wirklich zu verändern. So gehst Du nach dem harten Arbeitstag ins Fitnessstudio oder den Yogakurs, um am nächsten Tag genauso weiterzumachen. Ab und zu brauchen wir dann noch unser Spa-Wochenende, um uns runterzubringen, sowie einen möglichst perfekten (teuren) Urlaub, um unsere Kräfte wieder zu sammeln, die wir dann im Laufe des Jahres wieder an die Arbeit abgeben können. Anders geht es heutzutage nicht mehr. Allerdings erlebte Friedrich Nietzsche, und damit ausgerechnet jemand, der als Philosoph doch Zeit zum Nachdenken brauchte, das bereits vor rund anderthalb Jahrhunderten so:

>> Die Arbeit bekommt immer mehr alles gute Gewissen auf ihre
Seite: der Hang zur Freude nennt sich bereits >Bedürfnis der
Erholung< und fängt an, sich vor sich selber zu schämen. >Man
ist es seiner Gesundheit schuldig< – so redet man, wenn man auf

einer Landpartie ertappt wird. Ja es könnte bald so weit kommen, daß man einem Hange zur vita contemplativa (das heißt zum Spazierengehen mit Gedanken und Freunden) nicht ohne Selbstverachtung und schlechtes Gewissen nachgäbe.«[30]

Wir sind als Individuum ununterbrochen mit unserer persönlichen Optimierung beschäftigt – immer im Auftrag der Arbeit. Wirklich sinnvolle Aktivitäten bleiben da auf der Strecke. Gesundheit als Ware anzusehen, die ich durch das verdiente Geld einkaufen kann, reproduziert den Teufelskreis weiter. In Form teuer bezahlter Vitaminpräparate, Detoxmittel, Fitnessstudiobesuche oder Erholungsurlaube versucht mensch, den großen Stress zu kompensieren. Doch das eigentliche Problem liegt auf der Hand: Weil Menschen zur Arbeit gehen, haben sie weniger Zeit, sich um ihre Gesundheit zu kümmern, und müssen dafür später teuer bezahlen – manchmal sogar mit ihrem Leben.

Die beste Work-Life-Balance ist die, die nicht stattfinden muss. Es ist das Paradox unserer Zeit: Einige arbeiten sich zum Burn-out oder schuften sich zu Tode, während andere als arbeitslos stigmatisiert werden und nicht mehr Teil der Gesellschaft sein dürfen.

Von innen sieht das Hamsterrad aus wie eine Karriereleiter
(KONKURRENZ)

Ja, es gibt ihn noch – den Arbeiterkampf. Das Ziel ist allerdings ein anderes geworden: Inzwischen bekämpfen die Arbeiter*innen sich gegenseitig. Es ist längst nicht mehr der Blick nach oben mit der Frage, ob vielleicht die Manager*innen zu viel Kohle verdienen. Heute wird der (Konkurrenz-)Kampf horizontal ausgetragen. Der Gegner ist ganz einfach gefunden: die anderen Studierenden, Kolleg*innen, andere Arbeiter*innen, egal, ob in Asien oder der nächsten Kleinstadt. »Und wenn sich die Frage stellt, wer beim nächsten Schub betriebswirtschaftlicher Rationalisierung über die Klinge springen muß, werden auch die Nachbarabteilung und der unmittelbare Kollege zum Feind.«[31]

Zusätzlich müssen wir uns im dauerhaften Wettbewerb gegen andere Unternehmen durchsetzen, um damit nicht die eigene Existenz zu gefährden. Im Kampf um die letzten Arbeitsplätze auf dem freien Markt gleicht die Situation immer mehr einer Reise nach Jerusalem: Es gibt in jeder Runde weniger Stühle, auf die sich bequem zu setzen möglich wäre. Und aussortiert werden die Menschen, die in der großen Lebenslotterie eine Niete gezogen haben.

Das führt zu einer Gesellschaft in struktureller Gewalt. Wenn ich den Job bekommen habe, bedeutet das logischerweise, dass andere ihn nicht bekommen. Das Märchen vom Tellerwäscher zur Millionärin können wir noch so oft wiederholen, wahrer wird es davon nicht. Im Grunde ist es wie beim Lottospielen: Jede*r könnte Millionär*in werden, aber eben leider nicht alle. Metaphorisch kann mensch dabei von einer Paternoster-Gesellschaft sprechen: Wenn ich gesellschaftlich erfolgreich bin und aufsteige, dann gibt es notwendigerweise eine andere Person, die nach unten fahren muss. Anders geht es nicht. Bertolt Brecht konnte das wunderbarerweise in einem Vierzeiler auf den Punkt bringen:

> *Reicher Mann und armer Mann*
> *Standen da und sah'n sich an.*
> *Und der Arme sagte bleich:*
> *»Wär ich nicht arm, wärst du nicht reich.«*[32]

Der Unterschied zwischen unserer Arbeitsgesellschaft und einem Paternoster ist allerdings, dass pro Aufstieg nicht ein Abstieg erfolgt, sondern sehr, sehr viele Kabinen nach unten fahren. Und jene, die nach oben fahren, fahren dafür sehr, sehr hoch …

Du hast nichts geleistet
und nichts verdient
(LEISTUNG)

Leistung ist ein verinnerlichtes Konstrukt, weil wir stark dahingehend sozialisiert wurden. Wenn wir etwas nehmen, glauben wir, etwas Gleichwertiges geben zu müssen. Umgekehrt erwarten wir für jedes Geben etwas Gleichwertiges zurück. Dahinter steckt die Geldlogik, welche jeder Sache einen Tauschwert beimisst. Die Ökonomisierung unserer sozialen Interaktionen ist am Höhepunkt angelangt: Eine Gesellschaft fern des Prinzips von Leistung und Gegenleistung scheint kaum vorstellbar. Wer kennt das nicht: Wir bringen den Müll raus, und in der nächsten Woche erwarten wir, dass die andere Person es tut – und übersehen, dass diese doch gestern den Geschirrspüler ausgeräumt hat. Und es wahrscheinlich heute von uns erwartet. Wir führen unsichtbare Beziehungskonten, in denen wir unsere Tätigkeiten mit denen der anderen aufwiegen. Und erst wenn wir ein Äquivalent erkennen können, wenn es ausgeglichen ist, sind wir zufrieden.

Selbst an Festen wie Weihnachten merken wir, dass Menschen nicht mehr wirklich schenken und teilen. Theodor W. Adorno kritisierte bereits 1951 die gesellschaftliche Entwicklung des Schenkens:

>> [...] Schenken ist auf eine soziale Funktion heruntergekommen, die man mit widerwilliger Vernunft, unter sorgfältiger Innehaltung des ausgesetzten Budgets, skeptischer Abschätzung des anderen und mit möglichst geringer Anstrengung ausführt.« [33]

Die Arbeit verfestigt die Tauschlogik: Wir denken, dass wir etwas verdient hätten, weil wir etwas dafür geleistet haben. Wenn ich zehn Euro die Stunde bekomme, habe ich mir das T-Shirt für zehn Euro als Belohnung verdient, schließlich habe ich dafür hart gearbeitet. Zynisch wird dieser Satz, wenn wir uns ins Bewusstsein rufen, was die BWL-Professorin Evi Hartmann in ihrem Buch »Wie viele Sklaven halten Sie?[34]« schreibt: Sie spricht dort von unserem Slavery Footprint und errechnet, dass wir durch unseren Konsum durchschnittlich indirekt 60 Sklav*innen halten; nicht hier lokal, sondern weit von uns weg. Und genau da will ich einen radikalen Gedanken einbringen: Wir haben rein gar nichts verdient! Alles ist ein Geschenk! Warum? Weil es in diesem System allein schon ein riesiges Glück war, dass wir rein zufällig beispielsweise in Deutschland in eine Umgebung hineingeboren wurden, die uns die Möglichkeit gab, strukturell bevorzugt zu sein. Damit einher ging dann der potenzielle Zugang zu Bildung und vielen anderen Privilegien, womit wir uns erst gegen andere durchsetzen konnten.

Erinnern wir uns an die acht Männer, die 2017 genauso viel verdient haben wie die ärmere Hälfte der gesamten Weltbevölkerung. Wir könnten argumentieren: »Diese acht Männer leisten schlicht genauso viel wie die gut 3,5 Milliarden Menschen auf der anderen Seite.« Dass das nicht die Wahrheit sein kann, liegt auf der Hand. Diese acht Männer leben mithilfe struktureller Ungerechtigkeiten auf Kosten anderer und können auch erst durch ihre Privilegien in unserer kapitalistischen Gesellschaft diese Möglichkeit bekommen.

Wenn wir also konsequent von »Verdienst« sprechen, müssten wir auch höchst spirituell und damit eigentlich zutiefst zynisch davon ausgehen, dass wir auch verdient haben, in eine Situation geboren zu sein, die uns diesen Weg erst ermöglicht. Wir hätten auch zufällig 7.500 Kilometer östlich oder südlich und damit höchstwahrscheinlich in den Ländern des globalen Südens geboren werden können. Dort hätten wir aller Wahrscheinlichkeit nach nicht so gute Voraussetzungen gehabt, weil wir nicht von den postkolonialen Strukturen profitiert hätten, sondern in den meisten Fällen darunter gelitten hätten und ausgebeutet worden wären. Wir hätten auch die Näherin in Bangladesch oder das Kind aus der Elfenbeinküste sein können, die für uns das T-Shirt, den Kakao oder andere Konsumgüter unter miserablen ausbeuterischen Bedingungen herstellen. Der Soziologe Jean Ziegler bringt das auf den Punkt, indem er klar sagt: »Das einzige, was uns von den Opfern dieser Welt trennt, ist der Zufall der Geburt.«[35]

Der Philosoph Gerald Allan Cohen bringt in einem Gedankenexperiment eine hochspannende Perspektive auf Freiheit und Kapitalismus ein: Stell Dir eine Welt vor, in der rein zufällig Gutscheine verteilt werden. Auf diesen stehen Rechte geschrieben, wie beispielsweise das

Recht auf Nahrung, das Recht auf ein Dach über dem Kopf, das Recht, von A nach B zu kommen, und vieles mehr.[36] Wenn Du etwas tust, wofür Du keinen Gutschein bekommen hast, ist das illegal, und Du kommst vor Gericht. Was ist Geld anderes als diese Gutscheine? Der Journalist Raj Patel schreibt: »Ohne Geld steht Ihnen in einer Marktgesellschaft keine einzige Tür offen; es steht Ihnen nur frei, wenig zu besitzen und jung zu sterben. Kurz: Im Kapitalismus ist Geld gleichbedeutend mit dem Recht auf Rechte.«[37] Damit machen das Gesetz und die Gerechtigkeit vor Gericht einen klaren Unterschied zwischen Arm und Reich. Denn der Reiche wird sicherlich nicht auf die Idee kommen, unter einer Brücke zu schlafen, wo es eigentlich nicht erlaubt ist.

Zum Nachdenken

Ein Gedankenexperiment des Philosophen John Rawls[38] lädt zur Selbstreflexion ein: Stell Dir vor, Du kannst mit anderen Menschen gemeinsam festlegen, wie eine gerechte Gesellschaft aussieht. Welche Güter werden wie geteilt? Wie wird sich organisiert? Wer hat welche Rechte? Damit die Antworten nicht parteiisch sind und kein Mensch sich selbst bevorzugen und damit andere benachteiligen kann, wird jedem ein Schleier des Nichtwissens umgebunden. Hinter diesem Schleier weißt Du nicht, in welcher Situation Du Dich in der Gesellschaft befindest. Du weißt nicht, ob Du Frau oder Mann, jung oder alt, wohlhabend oder mittellos bist, ob Du auf dem Land oder in der Stadt lebst, aus Deutschland oder Bangladesch kommst. Du machst mit anderen die Spielregeln, ohne zu wissen, auf welchem Feld Du spielen wirst. Probier's mal aus und überlege Dir, ob Menschen aus dem globalen Norden sich tatsächlich jederzeit auf Kosten von Näher*innen in Bangladesch ein Zehn-Euro-T-Shirt verdient haben.

Als 2015 viele Geflüchtete in München am Hauptbahnhof ankamen, organisierten Aktivist*innen dort sogenannte SoKüs – Solidarische Küchen, in denen Menschen direkt anfingen, warme Mahlzeiten zu zaubern, um wenigstens eine Grundversorgung an Essen zu gewährleisten. Neben ganz viel bestärkenden Worten höre ich noch heute in meinen

Ohren – wie so oft während solcher solidarischer Aktionen – die Worte von vorbeigehenden Menschen, denen nichts Besseres einfiel, als zu meckern, dass wir doch lieber arbeiten gehen sollten. Hilfsbereite und aktive Menschen, die sich direkt engagieren, werden als leistungsverweigernde Hippies verunglimpft, während Manager*innen von Rüstungskonzernen unter anderem dafür verantwortlich sind, dass sich Geflüchtete erst auf den lebensgefährlichen Weg begeben müssen. Da Manager*innen gleichzeitig jedoch auch Arbeitsplätze schaffen und brav ihre Steuern zahlen, gelten diese als gute und erfolgreiche Bürger*innen. In der deutschen Rüstungsindustrie existieren 135.700 direkte Beschäftigungsverhältnisse. Deutschland liegt auf Platz drei beim Rüstungsexport. Das bringt natürlich Arbeitsplätze nach Deutschland – und Waffen in die Welt. Ganz besonders in die Türkei als größte Abnehmerin, welche dann mit deutschen Waffen die Grenzen für Geflüchtete dicht macht. Was für eine ekelhafte Glanzleistung.

Leistung und Erfolg hängen unmittelbar zusammen. Bei Interviews werde ich immer wieder gefragt: Würdest Du sagen, dass Du erfolgreich bist? Da in unserer Gesellschaft vor allem das Vermehren des Geldes durch Arbeit als erfolgreich gewertet wird und ich dieser Logik nicht folge, ist die Frage, ob ich mich nun auch als erfolgreich bezeichnen würde, klar mit Nein zu beantworten. Für mich ist diese Kategorie tatsächlich unbegreiflich. Im Film »Fetisch Karl Marx« wird in der Anfangsszene der französische Präsident Emanuel Macron gefragt: »Sie sind ein Präsident der Reichen, nicht wahr?« Seine Antwort: »Es gibt Frauen und Männer, die durch Talent erfolgreich werden. Wir sollten jeden von ihnen feiern.«[39]

Unsere Gesellschaft ist beherrscht durch das Narrativ, dass reich zu sein ein Nachweis für Kompetenz ist. Auf der anderen Seite wird Armut per se als Inkompetenz verstanden. Dass das Verhältnis zwischen Arm und Reich allerdings eher dem Zufall geschuldet ist, zeigten Wissenschaftler aus Italien. Zwei Physiker und ein Ökonom belegten mithilfe eines Simulationsmodells unter dem Titel »Talent vs. Luck«, dass nicht Kompetenz, sondern vor allem Glück der entscheidende Faktor für Erfolg ist. Die Wissenschaftler beobachten dabei einen eklatanten Widerspruch: Während Intelligenz und Talent in der Gesellschaft normal verteilt sind, ist Reichtum nach dem Paretoprinzip verteilt, was bedeutet, dass es viele Arme, aber nur wenige Reiche gibt. Das dieser Differenz zugrunde liegende Prinzip nennen die Wissenschaftler Zufall.[40]

Arbeit macht unverantwortlich und unmenschlich

(GEHORSAM)

Es ist Karfreitag, als ich eine Fahrscheinkontrolle beobachte. Das Kontrollpersonal wird ruppig, als sie meinen, zwei Personen beim »Schwarzfahren« erwischt zu haben. Zu fünft stehen die Uniformierten bedrohlich um die zwei Personen herum und fordern den Ausweis, weil ansonsten sofort die Polizei gerufen werden müsse. Die Aggression in der Luft löst Stress aus – auf beiden Seiten. Als ich mich dem Ort des Geschehens nähere, um die zwei Kontrollierten zu fragen, ob alles okay sei, und vor allem den anderen damit signalisieren möchte, dass ich mich mit den Beschuldigten solidarisiere, werde ich mit den Worten »Das geht Sie nichts an« weggedrängt. Als etwas später geklärt ist, dass die beiden doch Tickets hatten, frage ich die DB-Beamt*innen, warum sie so mit den Personen umgegangen seien. Daraufhin die Antwort: »Wir machen nur unsere Arbeit.« Das tut mir leid, und ich frage sie nach dem Wie, woraufhin sie mich ironisch fragten: »Sind Sie unser Chef? Wir machen nur unsere Arbeit, und Sie machen Ihre Arbeit – ganz einfach.«

Es ist erschreckend, wie durch die Abhängigkeit von Arbeit, gepaart mit der Macht einer Uniform, sowie den vorauseilenden Gehorsam und die dabei verloren gegangene Empathie solche Situationen entstehen. Mir ist bewusst, dass sich Fahrscheinkontrolleur*innen und viele weitere Arbeitnehmer*innen in einem schier unüberwindbaren Sachzwang befinden. Aber die Aussage »Wir machen nur unsere Arbeit« oder »Ich habe nur die Befehle ausgeführt« ist eine zutiefst unheimliche – und leider überhaupt nicht selten. Auf die Spitze getrieben kam diese Ausrede während der Nürnberger Prozesse gegen die Hauptkriegsverbrecher aus dem Zweiten Weltkrieg auf. Diese Worte sind der Anfang von Unmenschlichkeit. Und wenn wir uns an das Milgram-

Experiment[41] erinnern, bei dem ganz normale Leute in neutralen Labor-
situationen anderen Menschen Stromschläge versetzten, nur weil eine
Autoritätsperson sie damit beauftragt hatte, ist die grausame Gehorsam-
keitsbereitschaft nicht nur in Ausnahmesituationen zu beobachten.

Sobald ich arbeite, verschmelze ich mit einer Funktion und bin
nur noch der Arbeitgeberin verpflichtet; mein eigenes Gewissen lasse
ich am Kleiderbügel hängen. Damit ist Gleichgültigkeit verbunden:
Hauptsache, ich schaffe es, mein Leben zu finanzieren. Der Stempel
»Ich arbeite ...« entbindet mich nicht von jeglicher Verantwortung.
»Ich arbeite« schafft einen Freiraum, der beinahe alles gesellschaftlich
akzeptabel macht – und sei es, Waffen zu produzieren oder Atomkraft-
werke zu konstruieren.

Doch endet die eigene Verantwortung wirklich da, wo die Arbeit
beginnt? Entkoppelt das Erhalten eines Gehalts etwa vom moralischen
Gehalt der Taten? Im Grundgesetz steht klar, dass es auch in der Arbeit
eine Pflicht zum Ungehorsam gibt, wenn beispielsweise Menschenrechte verletzt werden.

Die Situation am Arbeitsplatz und der Ruf nach immer mehr Arbeit gleicht dem Stockholm-Syndrom, wie Patrick Spät trefflich ver-
glich: Die Kidnapper sind heute unsere Chefs, mit denen wir kuscheln,
um nicht wegrationalisiert zu werden. Wir haben nichts Besseres zu tun,
als ihnen zu gehorchen, die Arbeit als solche stellen wir dabei nicht infrage. So geschieht es, dass laut einer »Engagement«-Gallup-Umfrage
15 Prozent der befragten Mitarbeiter*innen innerlich bereits gekündigt haben und 85 Prozent aller Deutschen nur Dienst nach Vorschrift
machen.[42] In einem Interview resümiert der Autor Volker Kitz aus seinem Buch »Arbeit wurde nicht erfunden, um uns glücklich zu machen«, dass Dienst nach Vorschrift keinen guten Ruf habe, und fragt
daraufhin: »Aber was sollen die Menschen denn machen? Dienst gegen
Vorschrift?«[43] Ich frage mich: Ja, warum eigentlich nicht? Warum handeln Polizist*innen, die Geflüchtete in den Tod schicken sollen, nicht
gegen Vorschrift? Warum handeln Soldat*innen, die Menschen töten
sollen, nicht gegen Vorschrift? Wenn mehr Menschen gegen die Vor-
schriften verstoßen würden, wäre vielen geholfen.

Wir können unser Leben auf verschiedene Weise finanzieren und
durch unseren Beruf etwas verdienen – so die allgemeine Erzählung:

als Soldat*in, Ingenieur*in, Polizist*in, Jurist*in, Waffenproduzent*in, Bäcker*in oder auch AfD-Politiker*in. Nur weniges wird als moralisch verwerflich angesehen. Im Gegenzug zur Soldat*in sind Ingenieur*innen vermutlich angesehener, weil dieser Beruf Fortschritt schafft und nicht als mörderisch verstanden wird. Bei der Soldat*in können wir den tödlichen Zusammenhang direkt sehen. Bei einer Ingenieurin ist das nicht ganz so sichtbar. Wenn sie nicht gerade Waffen konstruiert, die Menschen ermöglichen, andere zu töten, würden wir im Gros vermutlich moralisch damit in kein Dilemma kommen. Allerdings ist die Frage zu stellen: Woher kommen beispielsweise die Rohstoffe, die zur Konstruktion von Handys, Laptops oder Autos gebraucht werden? Die Seltene Erde Coltan etwa, die essenziell beim Bau von Handys ist, kommt überwiegend aus dem Kongo, wo unter anderem Kinder in den Minen danach suchen müssen und dabei auch sterben. Mit dem Bau von Handys bringen wir also »nur« indirekt Menschen um.

Bertolt Brecht schrieb einst: »Es gibt viele Arten zu töten. Man kann einem ein Messer in den Bauch stechen, einem das Brot entziehen, einen von einer Krankheit nicht heilen, einen in eine schlechte Wohnung stecken, einen durch Arbeit zu Tode schinden, einen zum Suizid treiben, einen in den Krieg führen usw. Nur weniges davon ist in unserem Staat verboten.«[44] Daran angelehnt, könnten wir heute sagen: Es gibt viele Arten, durch Arbeit zu töten. Müssten Menschen nicht um ihren Job fürchten, sondern könnten nach eigenem Gewissen tätig werden, und wären Produktionsverhältnisse nicht auf der Not anderer Menschen aufgebaut, sondern demokratisch gestaltet, könnten alle gut leben. Das Problem unserer heutigen Zeit ist nicht der zivile Ungehorsam, sondern der vorauseilende Gehorsam.

Die Kontrolleurin
in unseren Köpfen
(KONTROLLE)

In der Zeit, in der ich dieses Buch schrieb, wurde ich von einem großen Konzern eingeladen. Dort angekommen, bekam ich eine Führung durch ein sehr buntes, hell und offen gestaltetes Großraumbüro. Es gibt einen Tischkicker, ein Wohnzimmer, eine Tischtennisplatte, große Schreibtischlandschaften und viele andere Annehmlichkeiten, die es insgesamt eher wie ein Freizeitzentrum als einen Arbeitsplatz wirken ließen. Auch ich könnte mir vorstellen, hier am Schreibtisch zu sitzen. Der Pressesprecher eines anderen Großkonzerns, Konstantin Bark, meint: »Das Büro wird immer mehr zu einem Ort, Menschen zu treffen und mit ihnen zu kommunizieren. Die Arbeitsumgebung soll inspirierend wirken, den Teamgeist stärken und vor allem Spaß am Arbeiten vermitteln.«[45] Das ist hier definitiv gelungen. Der Ort des Arbeitens scheint sich in eine gemütliche Wohlfühloase verwandelt zu haben.

Bei genauerem Hinsehen ist jedoch nicht alles Gold, was glänzt. In einem Großraumbüro ist vor allem die soziale Kontrolle nicht zu unterschätzen. Der Stresslevel von Mitarbeiter*innen erhöht sich nachweisbar, wenn keine Privatsphäre mehr vorhanden ist. Es ist die Perfektion des Panoptikums, wie es sich der Philosoph und Sozialreformer Jeremy Bentham im 18. Jahrhundert eigentlich als Baukonzept zur Überwachung in einem Gefängnis vorstellte: Die Aufsichtspersonen sehen alles und jeden, und vor allem überwachen sich die Insass*innen gegenseitig. Da jede*r den Bildschirm des anderen sehen kann, darf es auf den Bildschirmen nichts als Arbeit geben. Und dennoch feiern wir mit diesem bunten, offenen Großraumbüro die Freiheit und die Chance, uns kreativ auszuleben. Aber unser Wert bemisst sich dabei ausschließlich am Umsatz des Unternehmens. Wir merken nicht, dass »derjenige, welcher der Sichtbarkeit unterworfen ist und dies weiß, die Zwangsmittel der Macht [übernimmt] und sie gegen sich selber aus[spielt]; er internalisiert das Machtverhältnis, in welchem er gleichzeitig beide Rollen spielt; er wird zum Prinzip seiner eigenen Unterwerfung«, wie Michel

Foucault feststellte.[46] Wo jede zur Sklavin geworden ist, ist jede gleichzeitig auch Herrin – als eigene verinnerlichte Aufseherin.

Der Anthropologe und Aktivist David Graeber weist dabei in seinem Buch »Frei von Herrschaft« auf etwas Spannendes hin: »Schließlich verschwenden die meisten Menschen heute die meisten wachen Stunden damit, für Lohn zu arbeiten, und genau das macht sie elend. [...] Die ältesten historisch belegten Lohnarbeitsverträge, die wir haben, scheinen tatsächlich Mietsklaven zu betreffen.« Daraus wird geschlossen, dass die antike Sklaverei eigentlich nur eine ältere Form des Kapitalismus gewesen sei. Oder anders gesprochen die Schlussfolgerung: Der moderne Kapitalismus ist eigentlich nur eine jüngere Form der Sklaverei. Statt verkauft oder vermietet zu werden, vermieten wir uns selbst. Aber im Grunde ist es die gleiche Art Arrangement.«[47]

Unglücklich sind die Sklav*innen, die alles in die Zukunft verlagern
(GLÜCK)

Ständig projizieren wir unser Glück und unsere Verantwortungsübernahme in die Zukunft. Wir glauben, dass wir erst nach dem Abitur, erst nach der Arbeit, erst nach der Erledigung dieser oder jener Aufgabe oder erst nach einem bestimmten Lebensabschnitt anfangen könnten, wirklich zu leben. Die Palliativpflegerin Bronnie Ware schrieb ein Buch mit dem Titel: »Die fünf Dinge, die Sterbende am meisten bereuen«[48]. Zusammenfassen lassen sich diese Dinge in:
Ich wünschte...

...ich hätte den Mut gehabt, mein eigenes Leben zu leben.
...ich hätte nicht so viel gearbeitet.
...ich hätte mir erlaubt, glücklicher zu sein.

Der zweite Aspekt kam vor allem von Männern, wie Bronnie Ware in einem Interview klarstellt: »Fast alle haben zu viel gearbeitet und zu wenig gelebt – weil sie Angst hatten, nicht genug Geld zu verdienen, oder ihrer Karriere wegen«, weil sie in der Tretmühle der Lohnarbeit gefangen waren.[49]

Die Tierbefreiungs- und Umweltaktivistin Carol Grunewald dreht den Spieß um und bringt die Wichtigkeit der Arbeit für unser Glück auf den Punkt: »Wer würde auf dem Sterbebett sagen: ›Wär ich damals nur länger im Büro geblieben!‹« Wohl keine*r! Wenn wir im Sterben liegen, ist es allerdings zu spät für diese Erkenntnisse.

Menschen in Deutschland sind nicht besonders glücklich am Arbeitsplatz, wenn mensch der Umfrage der Jobbörse Stepstone glauben kann. Deren Skala reichte von eins (»sehr unglücklich«) bis zehn (»sehr glücklich«). Durchschnittlich bewerteten die Menschen in Deutschland ihre Zufriedenheit am Arbeitsplatz mit weniger als fünf Punkten. Aber auch die anderen Europäer*innen waren insgesamt nicht viel froher: durchschnittlich 5,5 Punkte.[50] Laut einer Umfrage des Bundesarbeitsministeriums zeigte sich: Nur zwei von zehn Menschen fühlten sich dem persönlichen Idealbild von Arbeit nahe.[51] Und ich muss der selbst ernannten Glücksministerin Gina Schöler recht geben, wenn sie in einem Artikel auf xing.com unter dem Titel »Frohes Schaffen: Wieso Arbeit und Glück zusammengehören«[52] meint, dass hier präventiv agiert werden müsste. Allerdings ist ihr Ziel, mehr Wohlbefinden am Arbeitsplatz einzurichten. Mein Ziel: den Arbeitsplatz einfach abschaffen.

Am 1. Mai 1963 – dem Tag der Arbeit – verbreiteten verschiedene Radiosender die »Anekdote zur Senkung der Arbeitsmoral«[53] von Heinrich Böll in ganz Deutschland. Die Geschichte geht ungefähr so: Ein Tourist trifft auf einen in seinem Boot an einer Küste dösenden Fischer. Gefragt nach seinem heutigen Fang, erfährt der Tourist, dass der Fischer bereits fertig gefischt hat und mit seinem Fang zufrieden ist. Der Tourist kann nicht begreifen, wieso der Fischer nicht öfter ausfahren möchte – dann könnte er doch wachsen und bald ein erfolgreiches Fischfangimperium aufbauen. Wenn er dann am Höhepunkt seiner Karriere angekommen wäre, »könnten Sie beruhigt hier im Hafen sitzen, in der Sonne dösen – und auf das herrliche Meer blicken«. Daraufhin sagt der Fischer: »Aber das tu ich ja schon jetzt«, »ich sitze beruhigt am Hafen und döse.« Damals wie heute ist diese Frage höchst relevant: Leben wir, um zu arbeiten, oder arbeiten wir, um zu leben?

Dass mehr hart erarbeitetes Geld nicht zwangsläufiger glücklich macht, zeigt unter anderem auch das Easterlin-Paradox. Als Ökonom wies Richard Easterlin auf ein Phänomen hin, das mittlerweile auch die Glücksforschung kennt: Wenn unsere Grundbedürfnisse gedeckt sind, führt mehr Geld nicht zu mehr Glück, sondern das Glück bleibt konstant.[54]

Arbeit macht das Wichtige unsichtbar
(CARE)

G anz entscheidend ist die Frage: Worauf fußt unsere Arbeit eigentlich im Kapitalismus?

Das kapitalistisch-patriarchale Eisbergmodell, das vor allem von den feministischen Soziologinnen Maria Mies und Veronika Bennholdt-Thomsen in die Debatte eingebracht wurde, zeichnet ein erstaunliches Bild:

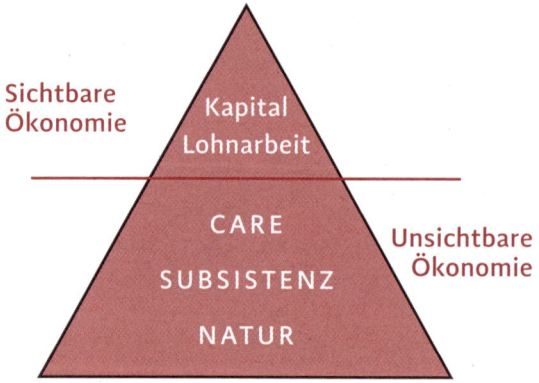

Das Eisbergmodell der kapitalistisch-patriarchalen Wirtschaft
(freie vereinfachte Darstellung nach In: Mies, Maria/Shiva, Vandana [1995]:
Ökofeminismus. Beiträge zur Praxis und Theorie. Zürich)

Über der Wasseroberfläche liegt die sichtbare Ökonomie – dieser Bereich macht den kleinsten Teil aus und umfasst Kapital und Lohnarbeit. Der im Wasser liegende und damit unsichtbare Teil der Ökonomie besteht vor allem aus Care-Tätigkeiten (alles rund um die Pflege und

Sorge), der Subsistenz (alles rund um die Tätigkeiten jenseits von Staat und Markt) und Natur. Es ist ganz deutlich, dass ohne diese abgespaltenen Räume, sowohl der sozialen in Form von immer noch »weiblich« besetzten Tätigkeitsformen als auch des ökologischen in Form der Natur, heute begriffen als »Ökosystemdienstleistung«, das ganze System nicht funktionieren könnte. Diese Räume sind die stumm gemachte Bedingung, damit überhaupt irgendwas läuft.

Die unsichtbar gemachten und überwiegend von Frauen und jungen Menschen ausgeübten Tätigkeiten ohne Bezahlung machen mehr als die Hälfte der weltweiten Arbeitszeit aus. Laut Zahlen des Statistischen Bundesamtes beträgt der zeitliche Anteil der »Haus- und Familienarbeit« (Reproduktionsarbeit) in Deutschland mindestens das 1,7-Fache der Erwerbsarbeit.[55] Hilfreich ist an diesem Modell, dass es zeigt, wovon unsere angeblich so effiziente und produktive Wirtschaft abhängig ist, um überhaupt funktionieren zu können.

Auch diese Argumentationsweise ist allerdings nicht ohne Problematik, worauf die feministische Arbeitskritikerin Kathie Weeks hinweist: Während sich ein Teil der feministischen Debatte immer darauf konzentriert hat zu fordern, dass Frauen in »richtige«, also bezahlte Arbeit im Arbeitsmarkt kommen, und entsprechend auch Bezahlung für Hausarbeit forderten, gab und gibt es eine zweite feministische Strategie, die unbezahlte »weibliche« Arbeit dadurch aufzuwerten versucht, dass sie auch als »Arbeit« bezeichnet wird und der Arbeitsbegriff entsprechend so sehr erweitert wird, dass er praktisch alles beinhaltet, was eine Person in ihrem Leben überhaupt tun kann. Das wird dann (wieder fürchterlich arbeitsverherrlichend) »Reproduktionsarbeit« genannt und mutet totalitär an: Einfach alles ist Arbeit, egal, ob ich meine Zähne putze, schlafe, ein Buch lese, meine kranke Oma pflege oder einen politischen Leserbrief schreibe. Tätigkeiten werden heute nicht mehr aufgrund ihres Eigenwerts wertgeschätzt, sondern immer nur über den Umweg der Arbeit. Letztlich ist diese zweite Strategie vor allem depolitisierend: Wenn alles Arbeit ist, wie können wir dann überhaupt Arbeit kritisieren oder die Arbeitsgesellschaft verändern?[56]

Wenn wir genau hinsehen, sind es jene Tätigkeiten, die nichts kosten, die unser Leben erst ermöglichen. Das meiste davon wird getan, weil es notwendig ist oder weil mensch sich dafür entscheidet, genau dies tun zu wollen – und nicht, weil es dafür Geld gibt. Die Emanzipation von Frauen und damit das Dekonstruieren des Patriarchats kann nicht über die Inwertsetzung ihrer Tätigkeiten funktionieren. Es geht nicht darum, dass die Arbeit von Frauen aufgewertet oder durch das Schließen des Gender-Pay-Gap gleich bewertet wird, sondern dass Arbeit als solche für alle Menschen entwertet wird.

Um diesen Punkt zu untermalen, möchte ich auf die Globale Betreuungskette hinweisen – auch »Global Care Chain« genannt. Karl Marx wies auf die doppelte Freiheit der Arbeiter*in hin: Sie ist erstens frei von Produktionsmitteln und zweitens frei, ihre Arbeitskraft zur Verfügung zu stellen. Ergänzt wurde diese Idee aus feministischer Perspektive um zwei essenzielle Punkte: Die Arbeiter*in muss eben auch frei von Care-Tätigkeit und frei von Care-Bedürftigkeit sein. Vollständiger sollten wir also eher von der vierfachen Freiheit sprechen. Frauen, die in Deutschland beispielsweise nach der Geburt eines Kindes relativ schnell wieder zu arbeiten beginnen, können das eigentlich nur tun, wenn (klassisch gesprochen) der Partner zu Hause bleibt und die »Reproduktionsarbeiten« übernimmt. Wenn das – wie in den meisten Fällen – nicht passiert, muss die Arbeit der Frau sich insofern lohnen, als dass ihr Gehalt deutlich höher ist als das derjenigen, die sie zum Betreuen von Haus und Kind einstellt. In den meisten Fällen bedeutet das, dass Migrant*innen diesen Job übernehmen. Da diese nun nicht mehr auf die eigenen Kinder aufpassen können, übernehmen diese Aufgaben wiederum andere Frauen, die noch weniger verlangen. Dabei entsteht eine staatenübergreifende Umverteilung von Betreuungsaufgaben. Wenn wir das Bild vereinfacht verwenden, passt auf das deutsche Kind die polnische Arbeitsmigrantin auf. Auf das polnische Kind wiederum passt eine Rumänin auf und so weiter und so fort. Da der Planet begrenzt ist, gibt es am Ende dieser Kette aber irgendwann keine weiteren Menschen mehr, die wir noch günstiger anstellen und damit verwerten können. Das führt selbstverständlich zu unübersehbaren Konflikten.

Blicken wir ehrlich auf die wichtigen Tätigkeitsbereiche unseres Lebens, so ist dort keine Anerkennung festzustellen. Vor allem findet dieses essenzielle Tun für die Gesellschaft in den Pflege- und Sorgetätigkeiten statt. Immer wieder aber, wenn ich beispielsweise mit Kindergärtner*innen oder Pfleger*innen spreche, geht diese Anerkennung und, damit verbunden, oft auch die Selbstwertschätzung gegen null. Immer wieder muss ich Sätze hören wie: »Aber ich mache ja nichts Besonderes!« Dabei höre ich keine falsche Bescheidenheit heraus, sondern ein zutiefst verankertes gesellschaftliches Problem. Auf dieses Problem hinzuweisen, diese Ohnmacht zu überwinden und aktiv zu werden ist eine wichtige Aufgabe unserer Gesellschaft. Wir sollten unbedingt neue Prioritäten setzen. Wenn systematisch die Anerkennung ausbleibt, bleibt irgendwann auch die Motivation aus. Was bleibt, ist die extrinsische Motivation durch Geld oder eben, weil diese Berufe selten wirklich zufriedenstellend bezahlt werden, der gesellschaftliche Druck, halt arbeiten gehen zu müssen. Über kurz oder lang kann das aber nur dazu führen, dass wir immer mehr Menschen erzeugen, die zwangsweise seelisch oder körperlich krank werden müssen. Auf Dauer lässt sich so nicht leben. Wir müssen uns als Gesellschaft neu darüber unterhalten, was sinnvolle und wichtige Tätigkeit ist und was nicht und wie speziell Sorge vernünftig organisiert werden kann.

Es ist nicht der Montag, der nervt, sondern Deine Arbeit
(ZEIT)

Wir arbeiten, um uns Dinge zu kaufen. Durchschnittlich besitzen wir 10.000 dieser Dinge. Sie überfordern uns maßlos und kommen in Konflikt mit dem, von dem wir immer zu wenig haben: unserer Zeit! Wir alle haben nur 24 Stunden am Tag, sieben Tage die Woche, 365 Tage im Jahr.

Ich kann mich noch genau erinnern: Als ich in jungen Jahren anfing, Nachhilfe zu geben, war durch den ersten Stundenlohn sofort ein Vergleichsparameter für Dinge erschaffen. Auf einmal wurde alles in Nachhilfestunden umgerechnet. Die Süßigkeiten kosteten auf einmal nicht mehr bloß einen bestimmten Geldbetrag, sondern vor allem eine gewisse Zeitspanne, die ich brauchte, um das Geld durch meine Arbeit wieder zu verdienen. Jede Ware, die ich kaufte, wurde ab sofort in Zeit umgerechnet. Bei einem Stundenlohn von zehn Euro entspricht zum Beispiel ein fünf Euro teures Produkt eine wertvolle halbe Stunde an Lebenszeit.

In unserem gesamten Leben verbringen wir in Deutschland durchschnittlich acht Jahre komplett (also: 24 Stunden lang an 2.920 Tagen) mit Lohnarbeit. Das sind in etwa zehn Prozent unseres gesamten Lebens – ohne einzurechnen, dass wir außerhalb der offiziellen Arbeit noch Fahrzeiten haben, an die Arbeit denken oder uns auf verschiedene Weise wieder darauf vorbereiten, um produktiv zu sein. Im Jahr 2017 betrug die durchschnittliche Jahresarbeitszeit von Vollzeiterwerbstätigen gut 1.600 Stunden. Zwischen 37,5 und 40 Stunden in der Woche gilt normalerweise als Vollzeitstelle.

Unsere Devise muss ganz dringend sein: »Zeitwohlstand statt materieller Luxus«. Denn mit dem Geld, das ich durch Arbeit verdiene, kann ich mir zwar ein Haus kaufen, aber kein Zuhause; kann ich mir ein Buch kaufen, aber kein Wissen; kann ich mir ein Bett kaufen, aber keinen Schlaf; kann ich mir Medizin kaufen, aber keine Gesundheit. Und eine Uhr, aber eben keine Zeit.

Der Zeitkonflikt zwischen Lohnarbeit und Engagement bringt eine unglaubliche Tragweite mit sich. Wir betreiben Engagement additiv, wie ein zusätzliches Hobby, und sobald die Lohnarbeit zu stressig wird, kürzen wir das Engagement weg. Dadurch können keine resilienten und emanzipatorischen Strukturen geschaffen werden. In dem Buch »Work« vom crimethinc-Kollektiv heißt es dazu:

>> In diesem Moment legt eine Angestellte in einem Lebensmittelladen genmanipulierte Produkte aus, statt ihren eigenen Garten zu pflegen. Ein Tellerwäscher schwitzt über einem dampfenden Waschbecken, während sich in seiner Küche zu Hause die ungewaschenen Teller stapeln. Ein Koch nimmt Aufträge von Fremden an, statt für die Nachbar*innen zu grillen. Ein Werbefachmann entwirft Werbesprüche für ein Waschmittel, anstatt sich Gutenachtgeschichten für seine Nichten auszudenken. Eine arme Frau kümmert sich um reiche Kinder in einem Kindergarten, statt Zeit mit ihren eigenen Kindern zu verbringen. Ein Kind wird dort abgeliefert, damit sich Fremde um es kümmern statt die, die es kennen und lieben. [...]

Ein Demonstrant, der einzigartige Perspektiven und Gründe zum Protestieren hat, trägt ein vorgefertigtes Schild mit dem Label einer bürokratischen Organisation.«

Arbeit stiehlt uns in den meisten Fällen Zeit und hält uns damit davon ab, das wirklich Wichtige zu tun. Hast Du Dich schon mal gefragt, wann Du das durch Arbeit gewonnene Geld ausgibst? Vermutlich tust Du das, wenn es schnell gehen muss. Wenn wir nicht mehr die Zeit haben, etwas gemeinsam mit anderen zu organisieren oder selbst zu machen. Mit Geld können wir uns innerhalb von 24 Stunden quasi alles organisieren und müssen dabei kaum einem Menschen begegnen. Für dieses Geld muss ich zwar dann arbeiten gehen und auch Zeit aufwenden, aber das wird gedanklich nicht so verrechnet. Ähnlich beim Thema Mobilität: Wir sitzen stundenlang im Stau, müssen zur Refinanzierung des Autos stundenlang arbeiten und erkennen nicht, dass uns die Sehnsucht nach Freiheit – hier in der Form des Autos, mit dem ich, hätte ich nicht so viel Arbeit, um mein Auto abzubezahlen, überall hinfahren könnte – eigentlich versklavt. Ivan Illich spricht in diesem Zusammenhang von »Schattenarbeit«, und Marianne Gronemeyer erweitert diesen Begriff:

>> Denn Schattenarbeit leisten wir nicht nur, um unzureichende Waren aufzubessern, sondern auch, um unsere eigene Verwendungsfähigkeit und Ausbeutbarkeit im Arbeitsprozess zu gewährleisten. [...] Wir glauben zu konsumieren: Wir kaufen ein Auto, um zur Arbeit pendeln zu können, einen Computer, um gut vernetzt und ansprechbar zu sein, ein Handy, um unentwegt erreichbar zu sein, eine Urlaubsreise, um gut erholt zu sein. Wir besuchen Fortbildungsveranstaltungen, um up to date zu bleiben, gehen zur Berufsberatung, um vermittelbar zu sein, zum Arzt, um Fehlzeiten zu vermeiden, kleiden uns korrekt, um ein gutes Aushängeschild für die Firma zu sein. Und während wir uns freuen, dass wir uns das alles leisten können, verkennen wir, dass wir das alles leisten müssen und dass wir gar nicht konsumieren, sondern Arbeit abliefern, für die wir auch noch bezahlen müssen.«[57]

Der Arbeitsphilosoph Patrick Spät macht dabei eine spannende Ambivalenz zwischen unserem Arbeitswillen und unserem Drang zur Faulheit auf:

>> Diese Situation ist umso schizophrener, als dass wir jede Möglichkeit nutzen, der Mühsal und Arbeit zu entrinnen: Wer benutzt freiwillig ein Waschbrett, wenn er eine Waschmaschine hat? Wer schreibt einen Text handschriftlich ab, wenn er stattdessen einen Kopierer benutzen kann? Und wer rechnet die elendigen Zahlenkolonnen seiner Steuererklärung im Kopf aus, wenn er einen Taschenrechner besitzt? Wir sind stinkfaul und glorifizieren die Arbeit.«[58]

Nie wieder und überhaupt gar nichts mehr zu tun ist dabei aber nicht das Gegenteil von zerstörerischer Arbeit. Natürlich ist Nichtstun durchaus sinnvoller, als etwas Destruktives zu tun. Hilfreicher wäre es jedoch, etwas zu tun, das gerade wirklich wichtig ist, um Veränderung zu schaffen. Aber häufig nutzen wir unsere Lebenszeit lieber halbherzig, um irgendwelchen Proforma-Aktivitäten gerade so zufriedenstellend nachzugehen, dass wir nicht gefeuert werden.

Die Frage, die es sich zu stellen lohnt, ist: Warum unterscheiden wir überhaupt zwischen Arbeitszeit und Freizeit? Ist nicht all unsere Zeit frei, weshalb wir sie auch möglichst sinnvoll einsetzen sollten? Es ist ganz klar, dass der wichtigste Wert heutzutage die Zeit ist. Sie ist der größte Luxus, der immer eingeschränkter wird. Wir verkaufen die Zeit gegen Geld. Ständig sind wir unter Zeitdruck, denn die Zeit wird uns »gestohlen«. Uhren und Handys halten uns funktionsfähig und planbar. Es gilt, unsere Zeit zurückzufordern! Brauchen wir mehr Zeit oder mehr Zeug?

Hätten wir mehr Zeit, könnten wir wieder andere Beziehungen zulassen. Aus meiner Perspektive können wir unsere Beziehungen grob in zwei Formen unterteilen:

1. *die funktionalen sowie rationalen Scheinbeziehungen*
2. *die leistungsfreien sowie emotionalen Resonanzbeziehungen*

Während die Ersteren sich im Arbeitsalltag und allen anderen entfremdeten Tätigkeiten häufen, erfahren wir Zweitere im privaten Bereich. Wenn wir uns füreinander Zeit nehmen, im Sinne Momos zuhören, miteinander reden und dabei ergebnisoffen sind.[59] Dabei kann – mit dem Soziologen Hartmut Rosa gesprochen – Resonanz entstehen, weil diese Beziehungen nicht zweckgerichtet sind und damit ganz andere Begegnungen ermöglichen. Erst dann entsteht auch wirkliche Veränderung.

Es ist wichtig, die Beziehungslosigkeit und damit die Entfremdung in unserem Leben zu überwinden. Nach Marx sind wir fünffach entfremdet: von der Arbeit, von dem Produkt, von den anderen Menschen, von der Natur und von uns selber. Nach Hartmut Rosa gibt es fünf Momente von Resonanz: »Etwas berührt mich, ich antworte darauf, ich erfahre mich als selbstwirksam, ich kann dem entgegengehen und dieses Ding zum Sprechen bringen, dabei verändere ich mich, und zugleich transformiert sich das, was mir da begegnet.«[60] Das Problem ist, dass wir uns heute nicht begegnen. Nicht wirklich. Denn wenn wir uns begegnen und der Höflichkeit wegen fragen, wie es der anderen Person geht, erwarten wir in den meisten Fällen, ein flüchtiges »Mir geht's gut« oder »Muss ja« zu hören. Anders ginge es auch nicht. Wenn ich zur Arbeit gehe und frage, wie es der anderen Person geht, und daraufhin erst mal eine halbe Stunde mit dem Gegenüber verbringen müsste, weil sie eine Person zum Zuhören braucht, wäre der Arbeitsalltag gelaufen. Eine spannende Boykottaktion, wenngleich es vermutlich bei wiederholtem Male zur Kündigung führt, weil dieses Verhalten zwar empathisch, aber unproduktiv ist.

Für solche Beziehungen brauchen wir wieder Zeit, und da sind wir im nächsten Konflikt: Wir können uns gar keine richtigen Begegnungen mehr erlauben, weil uns die grauen zeitstehlenden Herren aus Michael Endes »Momo« im Nacken sitzen.

»Bald haben wir wieder viel Zeit.«

Aber sollten wir nicht eigentlich schon längst mehr Zeit haben, weil unsere Arbeit mehr und mehr von Maschinen übernommen wird? John Maynard Keynes, der einflussreiche Ökonom des 20. Jahrhunderts, sagte 1930 voraus, das gegen Ende des 20. Jahrhunderts in Ländern wie

England oder den USA nur noch eine 15-Stunden-Woche notwendig sein würde. Diese starke Reduzierung der Arbeitszeit sollte aufgrund des Technikfortschritts ermöglicht werden. Seine technische Analyse war richtig, die wirtschaftliche allerdings nicht, weil wir – wie David Graeber schreibt – einfach neue Jobs erfunden haben, die eigentlich völlig sinnlos sind. Auch der schwedische Soziologe Roland Paulsen untersucht in seinem Buch »Arbeitsgesellschaft – wie Arbeit die Technologie überlebte«[61] dieses scheinbar widersprüchliche Phänomen: Obwohl wir aufgrund der Entwicklung der Arbeitsproduktivität immer weniger arbeiten müssten, wurde die Arbeitszeit seit Jahrzehnten nicht mehr nennenswert reduziert, und die Forderung nach weniger Arbeit ist völlig aus der Debatte verschwunden.

In den letzten Jahren jedoch hat das Narrativ, wir hätten bald ohnehin viel weniger Arbeit, durch die zunehmende Digitalisierung ein Revival erlebt. Durch mehr oder weniger haltbare Statistiken über die Veränderung des Arbeitsmarktes wird immer wieder gepredigt, dass intelligente Maschinen menschliche Arbeit bald weitestgehend überflüssig machen. Nach dem Philosophen Richard David Precht werden wir perspektivisch in eine Gesellschaft kommen, in der wahrscheinlich die Hälfte der Menschheit nicht mehr arbeitet beziehungsweise keiner geregelten Lohnarbeit mehr nachgeht. Vermutlich stützt er sich bei solchen Prognosen unter anderem auf einen im Jahr 2013 von den Wissenschaftlern Carl Frey und Michael Osborne aus Oxford veröffentlichten Artikel. Sie kommen darin zu dem Ergebnis, dass innerhalb von 20 Jahren alleine in den USA knapp 50 Prozent der Jobs durch Roboter und Computer ersetzt werden könnten. In Deutschland sollen 42 Prozent der Jobs wegfallen.[62] Wenn wir der Studie des Zentrums für Europäische Wirtschaftsforschung Glauben schenken wollen, fallen nur 12 Prozent der Jobs in Deutschland und 9 Prozent in den USA weg.[63]

Was hätte das für Konsequenzen? Alleine, wenn wir auf den Bereich Landwirtschaft schauen, ist der logische Effekt, dass immer mehr industrielle Landwirtschaft in Form von gentechnisch veränderten, vergifteten und von riesigen Maschinen erzeugten Monokulturen entstehen wird. Ist das zukunftsfähig?

Etwas Glückliches hätte dieses Szenario: Es würde sich dabei nicht nur um eine Reduzierung von Arbeit im Niedriglohnsektor handeln,

⌐ Zum Nachdenken ─────────────────────────────────────

*Auf der Website des Instituts für Arbeitsmarkt- und Berufs-
forschung (IAB) kannst Du einen Blick in Deine berufliche Zukunft
wagen. »Job-Futuromat« nennt sich diese Wahrsagerkugel, in der
Du Deinen Beruf auswählst und damit eine Prozentzahl erhältst.
Wenn die Zahl hoch ist, werden mit »größter Wahrscheinlichkeit«
bald Roboter Deine Arbeit stark dominieren oder übernehmen.
Demzufolge sind Landwirt*innen zu 50 Prozent ersetzbar,
Industriekaufleute zu 56 Prozent, Bäcker*innen zu 70 Prozent,
Elektrotechniker*innen sogar schon zu 78 Prozent.[64]*

sondern auch von Arbeit im Bereich der sogenannten mittleren und
höheren Dienstleistungen. Die Software Watson von IBM vernichtet
heute schon Arbeitsplätze rund um das Rechtswesen, die Versiche-
rungsbranche und allgemeine Sachbearbeitung, weil die künstliche
Intelligenz viele Daten besser bearbeiten kann als Menschen. Zudem
ermöglicht uns das Internet, viele Aufgaben selbst zu übernehmen und
dadurch die zugehörigen Jobs überflüssig zu machen. Das, wofür wir
früher eine Bankangestellte brauchten, können wir heute im Handum-
drehen via Onlinebanking selbst übernehmen. Diese Tendenz könnte
dazu beitragen, dass sich wirklich etwas in unserer Gesellschaft ändert –
weil dieser Wandel nicht nur die prekär Beschäftigten und Ausgeschlos-
senen betrifft, sondern weite Teile der Bevölkerung.

Insgesamt sind aber alle Prognosen über den Einfluss der Digitalisierung auf den Arbeitsmarkt nichts weiter als der Versuch, mit einer
Glaskugel die Zukunft vorauszusagen. So oder so wird sich einiges verändern, aber insgesamt lohnt sich ein kritischer Blick auf die aktuelle
Erzählung. Was ist dran an der Geschichte, dass uns nun plötzlich wieder mal die Arbeit ausgehen soll, diesmal wegen intelligenter Roboter?
Bei genauem Hinschauen eher wenig, denn es ist eben kein Naturge-
setz, dass mehr Technikeinsatz zu weniger Erwerbsarbeit führt. Die
Geschichte lehrt uns eines Besseren. Aktuell leben wir in einer Arbeitsgesellschaft, und diese kann nicht ohne Arbeit funktionieren. Dass und
wie viel wir arbeiten, hängt von ganz anderen Faktoren ab als der Technik allein.

Das eigentliche Problem mit dem Versprechen der sinkenden Arbeitszeit durch Digitalisierung ist aber ein anderes: So befreiend die Digitalisierung im ersten Moment erscheint, ist sie aber keineswegs ein Nullsummenspiel. Und die Kosten tragen wie immer die Machtlosen und die Umwelt. Bereits heute verbraucht das Internet unfassbar viel Energie. Wenn das Internet als eigenes Land geranked würde, wäre es auf Nummer drei im weltweiten Stromverbrauch, weil ganze Serverlandschaften ununterbrochen durchlaufen, um das World Wide Web am Laufen zu halten – davor kommen nur China und die USA. Alleine die monatliche Onlinesuche einer Durchschnittseuropäer*in erzeugt einen Stromverbrauch, mit dem eine 15-Watt-Lampe zwölf Stunden brennen könnte. Auch die Produktion von internetfähigen Endgeräten in Form von Laptops, Smartphones und vielen anderen technischen Spielereien ist nicht nur energieintensiv und damit umweltzerstörerisch, sondern zusätzlich noch aufgrund der enthaltenen Rohstoffe wie beispielsweise Coltan aus den Minen des Kongo mit Blut beschmiert.[65] Nicht viel anders ist es bei den »grünen« erneuerbaren Energien: Die Energie kommt dann zwar von der Sonne, durch den Wind oder wie auch immer praktisch umsonst, aber die Ressourcen für Fotovoltaikanlagen und Windturbinen verbrauchen unzählige Rohstoffe. Einfach nur auf die Digitalisierung zu setzen und am Ende zu hoffen, dass die Roboter alles an Arbeit übernehmen, wäre also zu kurz gegriffen und gefährlich. Und gleichzeitig geht es nicht darum, dass wir Technik und ihre Nutzung verteufeln. Allerdings sollte die (wenige) genutzte Technik viel stärker konvivial und postfossil zu betreiben sein. Das heißt: reparaturfähig, haltbar und recycelbar – sie sollte statt hightech lieber lowtech sein.

Im Manifest gegen die Arbeit ist es passend formuliert: »Ein erheblicher Teil der kapitalistischen Technik ist ebenso sinnlos und überflüssig wie der dazugehörige Aufwand menschlicher Energie.«[66] Überlegen wir selber, was sich für uns wirklich nötig anfühlt und was – vor allem bei ökologischer Betrachtung – schlichtweg nicht aufrechtzuerhalten ist. Auf jeden Fall sollten wir nicht auf die Digitalisierung als Heilsbringerin beim Thema Arbeit vertrauen.

WAS MACHT ARBEIT
MIT DER WELT?

Genauso bedenklich wie die Konsequenzen, die Arbeit auf unser eigenes Leben hat, sind die Folgen, die die Umwelt zu tragen hat. Unser Planet kann den momentanen Arbeits- und Produktivitätswahn des immer weiter, schneller, höher und besser nicht länger tragen, den wir durch die Arbeitsgesellschaft stetig ankurbeln. Klimawandel und Ressourcenknappheit sind nicht zuletzt deshalb so dringlich, weil wir lieber tonnenweise überflüssige Gegenstände produzieren, statt auch nur einen Arbeitsplatz zu »verlieren«. Ein Blick auf den Zusammenhang zwischen Arbeit, Überproduktion und Umweltzerstörung macht deutlich, wie sehr wir unsere Welt kaputtarbeiten.

Auf einem toten Planeten gibt es keine Arbeitsplätze
(UMWELT)

Ende 2017 verhandelten Tausende Menschen zum Abschluss der COP23 darüber, wie wir den Klimawandel aufhalten oder zumindest verlangsamen könnten. Mitte 2018 können wir in den Zeitungen lesen, dass mal wieder die Ziele nicht erreicht wurden. Im Grunde wurde sogar alles schlimmer. Zynischerweise wurde diese Klimakonferenz in Deutschland statt auf den Fidschi-Inseln ausgetragen, die aktuell durch die Folgen des Klimawandels kaum noch die Möglichkeit haben, eine solche Großveranstaltung auszutragen. Zynischerweise flogen für die COP23 Zigtausende Menschen um die Welt, um das Klima zu retten, und heizten damit dem Klima noch mal ordentlich ein. Zynischerweise fand die Konferenz in Bonn statt und damit in unmittelbarer Nähe zum rheinischen Braunkohlerevier des Energieriesen RWE, welches alleine für rund 0,5 Prozent der weltweiten CO_2-Emissionen verantwortlich ist. Die Welt schaute auf Deutschland und die »Klimakanzlerin« Angela Merkel.

Am gleichen Tag blockierten 13 Aktivist*innen vier Kohlekraftwerke und zeigten dabei ganz unmittelbar, wie wir dem Klimawandel entgegenwirken können. Sie sparten mit ihrer Aktion Tausende Tonnen CO_2 ein und belegten damit, dass wir den Kohlestrom nicht brauchen. Brauchen wir also wirklich die Arbeitsplätze, die diesen Kohlestrom erzeugt und bezieht?

Es ist immer Arbeit, die Kraftwerke am Laufen hält. Das Dogma, dass wir Arbeitsplätze brauchen – und davon immer mehr –, zerstört die Natur. Ein Teufelskreis zwischen Produktion und Umweltzerstörung, der sich teils nicht mal zum Schein selbst trägt: 2010 ermittelte etwa das Forum Ökologisch-Soziale Marktwirtschaft staatliche Förderungen der Braunkohle von insgesamt 56,9 Milliarden Euro für den Zeitraum von 1950 bis 2008. Ein ganz schön teuer subventionierter Arbeitsplatz![67]

Dass auf einem begrenzten Planeten kein unbegrenztes Wachstum möglich ist, ist logisch. Und damit ist auch logisch, dass wir nicht einfach weiterarbeiten können, ohne zu bedenken, welche ökologischen Folgen unsere Arbeit hat. In der Kommission für den Kohleausstieg, und dies kann stellvertretend für viele andere Wirtschaftsbereiche gelesen werden, werden klare Prioritäten gesetzt: erst die Arbeitsplätze sichern, dann die Umwelt bedenken. Gleich im ersten Satz des 6-Punkte-Plans heißt es: »Die Politik der Bundesregierung dient der Schaffung von Vollbeschäftigung.«[68] Selbst in der Arbeitslogik macht diese Priorisierung aber keinen Sinn, denn haben wir die Umwelt erst vollständig zerstört, gibt es auch bald nichts mehr zu arbeiten.

Ein kurzer Blick auf aktuelle Daten genügt: Wir übernutzen unsere Erde, und zwar massiv. Kennst Du den Earth Overshoot Day? Dieser bezeichnet den Tag, an dem die für ein gesamtes Jahr zur Verfügung stehenden Ressourcen aufgebraucht sind und ab dem wir anfangen, Quellen zu überlasten oder Vorräte aufzubrauchen. Im Jahr 2017 lag dieser Earth Overshoot Day bereits am 2. August – das ganze restliche Jahr haben wir also auf Pump, auf Kosten kommender Generationen, gelebt. Für Deutschland allein lag der errechnete Erdüberlastungstag sogar noch deutlich früher: Würden wir nur unsere eigenen Ressourcen verwenden, und zwar nur so viele davon, wie die Erde in einem Jahr auch neu hervorbringt, dann wären wir 2018 bereits am 2. Mai ressourcenlos.[69]

Auch wenn das Datum vielleicht wissenschaftlich nicht ganz exakt festzulegen ist, ist die Tendenz unbestreitbar: Wir verbrauchen aktuell weltweit etwa 1,7 Erden.[70] Wenn alle so konsumieren und produzieren würden wie wir in Deutschland, bräuchten wir aktuell sogar drei Erden. Allerdings haben wir keine weiteren im Keller, sondern eben nur diese eine.

Abholzung des Regenwaldes, (Über-)Fischung der Meere, Verdreckung der Flüsse, Verpestung der Luft und vieles mehr: Das alles geschieht im Namen der Arbeit. Würden wir es ernst meinen mit der Rettung der Umwelt und den erschreckenden Studien glauben, müssten wir direkt in den Generalstreik beinahe sämtlicher heute als produktiv bezeichneter Arbeit gehen. Stattdessen sehen wir tagtäglich Bilder etwa von Chinas Arbeiter*innen in den Medien, die mit Mundschutz zur Arbeit gehen, weil die Luft durch die verantwortungslose Produktion verpestet wird. Oder wir schauen uns mit trauriger Miene Eisbären auf unserem Tablet an, die ihren Lebensraum verlieren, während bei YouTube in der Werbeanzeige schon das neueste Tablet angepriesen wird und wir geneigt sind, den Bestellbutton zu klicken. Der schier unbändige Kreis von Produktion und Konsumtion ist das Herz der Zerstörung unserer Lebensgrundlage.

Aber es muss weiter produziert werden, schließlich gibt es sonst Arbeitslose! Und damit weiter produziert werden kann, muss der Konsum immer wieder neu angeregt werden. Dazu trägt nicht nur Werbung bei, sondern auch eingeplantes Kaputtgehen: Denn wenn die Waschmaschine, das Handy und andere Güter nicht verschleißen, gibt es keine weitere Nachfrage. Deswegen unterliegen die meisten Konsumgüter der geplanten Obsoleszenz – also der künstlichen Veralterung, damit weiter Wachstum geschaffen und Arbeitsplätze aufrechterhalten werden können. Wir alle kennen dieses Phänomen: wenn fast perfekt kalkuliert nach Ablauf der Garantiezeit ein Gerät einen Fehler aufzeigt und wir es nicht ohne größeren Aufwand weiter nutzen können. Wenn wir selber nicht in der Lage sind, den Fehler zu beheben, müssen wir Techniker*innen des Herstellers um Hilfe bitten. Diese allerdings empfehlen uns meistens, dass wir besser ein neues Gerät kaufen sollten, weil das günstiger ist als die Reparatur.

Und so ein neues Gerät kommt die Umwelt teuer zu stehen. Ein Blick auf die sogenannte graue Energie, die den indirekten Energiekonsum eines Gegenstandes durch Produktion und den Weg zu den Konsument*innen beschreibt, zeigt das deutlich. Denn Handys, Computer, Lampen und Co. verbrauchen nicht nur direkt Energie, etwa durch Ladegänge, sondern durch Herstellung, Transport, Lagerung, Verkauf und Entsorgung indirekt um ein Vielfaches mehr. Laut Statistischem Bundesamt verursacht jeder in Deutschland ausgegebene Euro seitens der Verbraucher*innen im gesamtwirtschaftlichen Mittel ungefähr eine Kilowattstunde.

Das Produkt der Arbeit sowie die damit verbundenen ökosozialen Konsequenzen werden in unserer Gesellschaft wenig thematisiert. Immer geht es bei der Produktion von Gütern darum, sie zu verkaufen. Ob sie dann auch wirklich genutzt werden oder schon nach wenigen Stunden auf den riesigen Müllhalden dieser Welt landen, ist nebensächlich. Der Arbeitsplatzstatistik ist es egal, wie viel Energie und Rohstoffe bei der Herstellung von Produkten verloren gehen, solange dabei Arbeit verbuchbar ist. Henry David Thoureau brachte dies bereits im 19. Jahrhundert auf den Punkt: »Wenn ein Mann die Hälfte eines Tages in den Wäldern aus Liebe zu ihnen umhergeht, so ist er in Gefahr, als Bummler angesehen zu werden; aber wenn er seinen ganzen Tag als Spekulant ausnützt, jene Wälder abschert und die Erde vor der Zeit kahl macht, so wird er als fleißiger und unternehmender Bürger geschätzt. Als wenn eine Gemeinde kein anderes Interesse an ihren Wäldern hätte, als sie abzuhauen!«[71]

Mit dem ganzen Arbeitswahn wird eine ökologisch verwerfliche Infrastruktur aufrechterhalten: Der Ausbau von Flughäfen etwa wird vorangetrieben, damit Menschen immer mehr über Kontinente hinweg arbeiten können, zur Erholung schnell mal ans andere Ende der Welt düsen und dabei Urlaubserlebnisse wie Sticker im Sammelheft sammeln. Oder damit Produkte von A nach B nach C gelangen, um dann wieder nach A geschickt zu werden. Wenn es nach dem Umweltökonom Niko Paech geht, bräuchte es dagegen den Abbau der Flughäfen um 75 Prozent. Und damit eine drastische Reduktion des Flugverkehrs, denn alleine ein Flug von hier nach Australien und zurück verursacht rund 12 Tonnen CO_2. Geht mensch nach den uns zur Verfügung stehenden Ressourcen aus, stehen jeder Person jährlich allerdings höchstens 2,7 Tonnen zu.

Die Forderung nach Reduktion gilt natürlich genauso für andere energieintensive und umweltverschmutzende Industriebereiche. Mit 1,077 Millionen Menschen ist der Informations- und Kommunikationssektor (ITK) die größte dieser Branchen, gefolgt von Maschinenbau (1,014 Millionen), Elektronik (847.000) und Automobil (764.000).[72] Ein notwendiger großflächiger Rückbau der Industrie würde viele Menschen befreien, wirklich sinnvolle und nicht ökologisch verwerfliche Strukturen aufzubauen.

Manchmal höre ich den Einwand, Arbeit müsse nicht umweltschädlich sein: »Ich arbeite bei einer Umweltorganisation, tue mit dem Geld Gutes und wähle grün.« Das glaube ich gerne. Allerdings gibt es dabei mindestens zwei Herausforderungen:

a) der Rebound-Effekt: vielen bekannt als das Konzept, dass angeblich klimafreundliches Handeln am Ende durch andere Handlungen (über-) kompensiert wird.

Zum Beispiel kaufe ich mir als Ökopionierin meine Biolimo im Bioladen in der Nähe und dazu noch ein Elektroauto, weil das ja angeblich so umweltschonend ist. Dann wird die Biolimo schnell statt mit dem Fahrrad mit dem E-Auto geholt. Um eine konkrete Zahl zu nennen: Eine Studie in Japan ergab eine Steigerung um den Faktor 1,6 bei den gefahrenen Kilometern von Autofahrer*innen, die auf ein E-Auto umstiegen.

Solche Beispiele gibt es unzählige. Auf einen weiteren, bisher wenig bis gar nicht beachteten Punkt möchte ich noch eingehen – den »Ich habe so viel gearbeitet und darf mich nun belohnen«-Rebound-Effekt. Damit ist gemeint, dass wir nach harter entfremdeter Arbeit, und sei sie auch in einer Umweltorganisation getan, erst mal Erholung brauchen und diese durch verschiedenste Konsumgüter zu erkaufen suchen.

b) Menschen mit mehr Geld geben dies auch aus, leider für die falschen Dinge. Vor allem bei den sogenannten Big Points (Wohnen, Mobilität und Ernährung) steigt der Konsum und damit der CO_2-Verbrauch rapide an – es wird eine hohe finanzielle Nachfrage geschaffen. Das Umweltbundesamt brachte zum Zusammenhang zwischen Umweltverbrauch und Einkommen eine erstaunliche Studie heraus, die in der *Wirtschaftswoche* zu dem Titel führte: »Besserverdienende schaden der Umwelt mehr«.[73]

Die Antwort des Kapitalismus auf die Frage, wie wir die Umweltprobleme lösen können, kommt meist schnell und einfach daher: Konsumiere! Wenn Du bio und faire Produkte einkaufst, werden die Herausforderungen unserer Zeit von ganz alleine weggezaubert. Du bestimmst mit Deiner Nachfrage das Angebot. Als Konsument*in kannst Du an der Ladentheke mit dem durch harte Arbeit verdienten Geld entscheiden, wie Du die Welt haben magst – grün oder grau. »Dein Kassenbon ist ein Stimmzettel – jedes verdammte Mal. Alles Liebe, Dein Kapitalismus« – diesen Spruch fand ich mal als Sticker an einer Laterne und finde ihn mehr als kritisch. Denn all unser Veränderungspotenzial, all unsere Gestaltungsmöglichkeiten werden dabei auf eine Handlung reduziert: den Konsum.

»Mach den Kapitalismus grüner und sozialer, indem Du richtig konsumierst.« Warum das nicht so einfach funktioniert und vor allem definitiv nicht ausreicht, haben viele schlaue Köpfe detailliert erläutert, etwa Kathrin Hartmann in ihrem Buch »Die grüne Lüge«[74]. Egal, wie sehr wir uns bemühen, den Kapitalismus mit Ökofarbe grün anzustreichen und überall das magische Wort »nachhaltig« draufzuschreiben; grüner wird er davon nicht. Und gleichzeitig darf natürlich nicht vergessen werden: *Wenn* Du konsumierst und irgendwie die Möglichkeit hast, ergibt es unbedingt Sinn, so nachhaltig wie möglich zu konsumieren.

Unterm Strich wird nur eines die Umweltzerstörung wirklich stoppen: Es braucht einen Wandel zum Weniger. Es braucht Exnovationen statt Innovationen. Im taz.Lab 2018 »Wie wir arbeiten wollen« ruft Niko Paech daher zur Produktivitätsverweigerung auf. Denn wenn das Bruttoinlandsprodukt (BIP) steigt, wird die Umweltzerstörung unweigerlich vorangetrieben. So einfach ist das. Das Märchen der absoluten Entkopplung der Produktion vom Ressourcenverbrauch wird nicht realer, wenn wir es oft genug erzählen. Die erzwungene Suffizienz (Genügsamkeit) im Jahr der Finanzkrise 2008/09 zeigte ganz deutlich, dass so ein Leben zu weniger Umweltschäden führt: Zwischen 2008 und 2009 ist ein signifikanter Rückgang der CO_2-Emissionen zu verzeichnen gewesen, den Paech den »Lehman-Brothers-Degrowth-Effekt« nennt. Das BIP ging damals vergleichsweise deutlich zurück. Das war eine gute Nachricht für die Umwelt, aber tragischerweise nicht für die Menschen im globalen Süden, die von diesem »degrowth by desaster« betroffen waren. Wir sollten uns die verträgliche Variante des Umweltschonens, »degrowth by design«, auf die Fahnen schreiben und dem Teufelskreis aus Produktion und Konsum den Kampf ansagen. Für ein Leben ohne Kauf- und Arbeitszwang, in der auch unsere Enkel noch die Natur genießen können.

Zwischen
Überleben und Überproduktion
(ÜBERPRODUKTION)

Wir leben in einer Wegwerfgesellschaft, die meint, sich ökonomisch diesen verschwenderischen Überfluss leisten zu dürfen, zu können und im Grunde sogar zu müssen. Wir leben in unglaublicher Fülle, und Mangel ist nur ein kapitalistisches Konstrukt. Und nicht nur der persönliche Kaufimpuls, der uns dazu zwingt, in einer Arbeit Geld für all den Konsum zu verdienen, wird durch das System erst produziert. Auch das Totschlagargument gegen jegliche Art von Produktionskürzungen kommt aus dem System Arbeit: Immer gilt es, Arbeitsplätze zu sichern – ob die dabei produzierten Gegenstände nun gebraucht werden oder nicht. Um nur ein Beispiel zu nennen: Allein in Niedersachsen hängen dem Wirtschaftsministerium zufolge 30 Prozent aller Industriearbeitsplätze direkt von der Autoproduktion ab – insgesamt rund 250.000, das ist jede*r 16. Arbeitnehmer*in. Für andere Bereiche finden wir ähnliche Zahlen, die die unglaubliche Abhängigkeit aufzeigen.

Kleidung oder:
Ein voller Kleiderschrank, aber nichts zum Anziehen?

Wirf einen Blick in Deinen Kleiderschrank. Vermutlich siehst Du dort einen erdrückenden Überfluss an Kleidung. Jeden Tag musst Du zwischen unzähligen Stücken auswählen und weißt manchmal gar nicht, was Du anziehen sollst.

Zahlen
Daten
Fakten

▶ 40 bis 70 Kleidungsstücke konsumiert jede*r in Deutschland im Durchschnitt pro Jahr – das sind 12 bis 14 Kilogramm Stoff.

▶ Jedes Jahr kommen so in Deutschland rund 750.000 Tonnen neue Gebrauchttextilien zusammen – das entspricht einer Lkw-Schlange von Kiel bis München, gefüllt mit Kleiderbeuteln.

▶ Für die Produktion eines einzigen T-Shirt werden bis zu 2.000 Liter Wasser benötigt.

Ernährung oder: Lebensmittel gehören in den Magen, nicht in die Tonne

Kein Mensch möchte Lebensmittel wegwerfen, und dennoch passiert es tagtäglich. Dabei ist unser Rechtssystem ganz schön absurd, weil es erlaubt, Essen zu vernichten, es allerdings unter Strafe stellt, sie zu retten.

► Weltweit werden jährlich 4 Milliarden Tonnen Lebensmittel produziert.
► Davon wird ein Drittel – 1,3 Milliarden Tonnen – weggeworfen.
► Pro Tag werden pro Supermarktfiliale in Deutschland durchschnittlich 45 Kilogramm genießbare Nahrungsmittel weggeworfen.
► Pro Person pro Jahr in Deutschland werfen wir 82 Kilogramm Lebensmittel weg.
► Das sind pro Person 235 Euro pro Jahr an unnötigen Kosten.

Zahlen
Daten
Fakten

Erstaunt? Das Ausmaß ist so groß, dass wir es kognitiv oft gar nicht greifen können. Und die politische Dimension ist noch viel unvorstellbarer. Dabei gibt eine einfache Rechnung Klarheit:

Nach einer offiziellen Zahl der Food Agriculture Organisation (FAO) könnten wir nach dem aktuellen Produktionsstand von Lebensmitteln rund zwölf Milliarden Menschen ernähren. Bei höchstens acht Milliarden Menschen, die wir aktuell sind, könnten wir also noch locker vier Milliarden Menschen mit Lebensmitteln versorgen. Und trotzdem hungert knapp eine Milliarde Menschen auf diesem Planeten des unglaublichen Überflusses. Alle zehn Sekunden stirbt ein Kind an den Folgen des Hungers. Es ist ein unglaubliches System, welches es schafft, das ganze Essen an den Hungernden dieser Welt vorbeizuschleusen. Hier wird dramatisch deutlich, dass Mangel ein Konstrukt ist. Jean Ziegler konnte bereits als UN-Sonderbeauftragter für das Recht auf Nahrung auf einen spannenden Perspektivenwechsel hinweisen: Es geht nach ihm nicht darum, den Menschen in den Ländern des globalen Südens mehr zu geben, sondern ihnen weniger zu stehlen.

Mobilität oder:
Du siehst die Straße vor lauter Autos nicht

Wir halten eine Verkehrsinfrastruktur aufrecht, die uns Freiheit verspricht. Wenn wir allerdings, im Feierabendverkehr nach Hause schleichend, im Stau stehen, spüren wir, dass das Ganze eigentlich keinen Sinn ergibt.

Zahlen   ► Über 46 Millionen zugelassene Autos gibt es in Deutschland.
Daten   ► Sie stehen im Schnitt 23 Stunden am Tag still.
Fakten   ► Wenn sie sich die eine Stunde am Tag bewegen, sitzen durchschnittlich nur 1,3 Person(en) darin.

Eine unglaubliche Energieverschwendung. Vor allem wenn klar wird, wie viel graue Energie in einem Auto steckt: 30.000 Kilowattstunden sind das im Durchschnitt, bevor das Auto überhaupt einen Millimeter gefahren ist. Mit dieser Energiemenge kann ein Vierpersonenhaushalt zehn Jahre lang mit Energie versorgt werden.

Wohnen oder:
Für alle wäre genug Raum vorhanden

Im öffentlichen Diskurs hören wir Aussagen wie: »Wir brauchen mehr Wohnraum!« Ständig werden neue Siedlungen oder Wolkenkratzer für Hunderte von Menschen als neuer »Lebensraum« geplant. Schließlich schafft das Arbeitsplätze. In der Zwischenzeit müssen die Mieten natürlich angehoben werden. Die Grundlage ist allerdings wieder ein Mythos, denn es gibt potenziell genug Wohnraum.

Zahlen   ► Aktuell stehen zwei Millionen Wohnungen in Deutschland leer.
Daten   ► Ungefähr 860.000 Menschen leben ohne Obdach.
Fakten   ► In Deutschland wurden im Jahr 2017 rund 300.000 neue Wohnungen gebaut.

Kommt das überraschend? Wohnungen, Häuser und Gebäudekomplexe sind Eigentum, welches eher als Kapital angelegt statt sinnvoll genutzt wird. Illegal sollte nicht sein, diesen potenziellen Wohnraum zu nutzen, sondern Gebäude ungenutzt herunterkommen zu lassen, bis sie abgerissen werden müssen. Da hatte wohl der französische Anarchist Pierre-Joseph Proudhon recht, als er sagte: »Eigentum ist Diebstahl!«[75] Gerade in den Wintermonaten kann es auch in Deutschland passieren, dass Menschen vor einem leer stehenden Haus erfrieren, weil sie keinen Zugang zu diesem bekommen. Wie weit werden wir noch gehen, frage ich mich.

Nach diesem kurzen und exemplarischen Rundblick in unsere Konsum- und Produktionswelt müssen wir Gandhi wohl recht geben, wenn er sagt: »Es gibt genug für jedermanns Bedürfnisse, aber nicht für jedermanns Gier.« Es ist eine Verschwendung von – wirtschaftlich gesprochen – allen möglichen Ressourcen: Menschen, Natur, Zeit … Die Sinnlosigkeit der Überproduktion und des Arbeitskonstrukts haben viele tagtäglich vor Augen. Nehmen wir die Bäckerin: Sie backt morgens ihr Brot und steckt dabei Zeit, Energie und Liebe hinein. Dieser ganze Prozess geschieht im Wissen, dass am Ende des Tages einiges für die Tonne war. Sie wird einen Teil ihrer Produktion wegschmeißen müssen, um bis zum Ladenschluss alles verfügbar zu haben und die Preise stabil zu halten. In welch einer absurden Welt leben wir eigentlich? Ökonomisch können wir uns das leisten. Menschlich aber nicht. Denn während das restliche Brot im Laden weggeworfen wird, sitzen Menschen auf der anderen Straßenseite und werden nicht satt. Ethisch betrachtet, ist das nicht hinnehmbar. Und nein, nicht Ökonomie sollte Ethik stechen, sondern Ethik sollte die Maxime für unser wirtschaftliches Handeln darstellen.

Kleines Intermezzo

Bullshit-Jobs

Was ist sinnvolle Arbeit, und was ergibt einfach keinen Sinn? David Graeber, der den Begriff »Bullshit-Jobs« prägte, hält sich diplomatisch zurück und spricht davon, dass alle Arbeit sinnvoll ist, wenn das individuell so empfunden wird. Ich will da ein wenig normativer herangehen und zur hitzigen Diskussion einladen, indem ich Dir eine kleine unvollständige Liste an Jobs präsentiere, bei denen ich mir die Frage stellen würde, ob die Gesellschaft sie ohne Zweifel braucht. Laut Graeber sind es ein Drittel der Deutschen, die einen solchen Bullshit-Job ausüben. Das ist schon eine erstaunliche Menge, aber ich finde, dass es eigentlich noch deutlich mehr sind.

Bullshit-Jobs sind zum einen Jobs, die es nur deswegen braucht, weil andere Menschen ebenfalls diese Jobs haben. Wenn ein Land zum Beispiel Militär hat, braucht das andere in der allgemeinen Verteidigungslogik auch eines. Zum anderen sind das Jobs, die erfunden wurden, um das absurde Arbeitssystem weiter aufrechtzuerhalten, etwa die Jobs in den Arbeitsagenturen.

Am einfachsten können wir alle selbst den Test machen. Nimm Dir einen Beruf und frage Dich: Was würde sich in Deinem Leben verändern, wenn es diesen Beruf nicht gäbe? Zwei Beispiele möchte ich nennen: Was würde sich in Deinem Leben verändern, wenn es keine Werbefachleute mehr gäbe? Vermutlich so einiges, aber wäre das schlecht? Was würde passieren, wenn Du tagtäglich nicht mehr 3.000 Werbebotschaften ausgesetzt wärst, die Dir sagen, dass Du erst schön bist, wenn Du jenes Kleidungsstück trägst, und erst wirklich frei, wenn Du dieses Auto fährst? 31,9 Milliarden Euro wurden im Jahr 2017 alleine in Deutschland für Werbung eingesetzt. Eine stolze Summe an Investitionen von Unternehmen, die sich diese Maßnahme sicherlich sparen würden, wenn sie nichts brächte. Werbung suggeriert Bedürfnisse und erzeugt damit Nachfrage. Vor 50 Jahren hatte noch kein Mensch das Bedürfnis nach einem Geländewagen (SUV). Heute ist jede vierte Neuzulassung ein SUV.

Nun zum anderen Beispiel: Was würde sich in Deinem Leben verändern, wenn es keine Reinigungskräfte mehr gäbe? Entweder würden wir wieder vielmehr selbst aufzuräumen lernen oder eben alles vermüllen. Welche Tätigkeit ist wohl wichtiger und sinnvoller für mein Leben und das Gemeinwohl?

Zum Nachdenken

Was würde sich in unserer Gesellschaft ändern, wenn es folgende Berufsgruppen nicht mehr gäbe?

Werbetexter*in ⊙ Finanzbeamt*in ⊙ Vertreter*in Verkäufer*in ⊙ Kostenrechner*in ⊙ Marketingspezialist*in Buchhalter*in ⊙ Immobilienmarkler*in ⊙ Investmentbanker*in Leitende Angestellte ⊙ CEO bei Großkonzernen Mittleres Management ⊙ Armutsverwalter*in ⊙ Steuerprüfer*in Soldat*in ⊙ Waffenproduzent*in ⊙ Mitarbeiter*innen bei Großkonzernen ⊙ Bürokrat*innen

Und jetzt überlege, welche Aufgabenfelder es hingegen unbedingt braucht. Vielleicht diese hier?

- ⊙ *Berufe, die der Care-Arbeit zugeordnet werden*
- ⊙ *Berufe aus dem Sektor Ernährung*
- ⊙ *Berufe der Künste und Kultur*
- ⊙ *Berufe in der öffentlichen Infrastruktur*

Nun mach den Test radikal mit Dir selber.

Nimm Dir Deine To-do-Liste aus der Arbeit, und schau drauf: Was passiert, wenn Du diese oder jene Aufgabe nicht erledigst? Was von diesen Punkten ist wirklich sinnvoll? Was davon würdest Du von Dir selbst aus machen wollen?

Bei alledem erscheint es mir manchmal so, als ob es Menschen gäbe, die sinnlose Arbeitsplätze erfinden, nur damit wir weiterarbeiten. Irgendwie erzeugt das Arbeitssystem Menschen, die sich im Büro mit den sozialen Medien und Skat die Zeit totschlagen, um dann in regelmäßigen Abständen den beinah leeren E-Mail-Eingang von dem einen oder anderen Spam zu befreien. Solche Beispiele gibt es viele. Laut dem Forscher André Spicer verbringt die durchschnittliche Arbeitnehmer*in gerade mal 45 Prozent ihrer Arbeitszeit mit ihrer Kernaufgabe. Die überwiegende Zeit macht sie etwas anderes und verschwendet die Zeit dabei oft mit unnützen Dingen. Kein Wunder also, dass der Deutsche Gewerkschaftsbund regelmäßig ermittelt, dass mehr als ein Drittel der Arbeitnehmer*innen (35 Prozent) den Eindruck hat, mit ihrer Arbeit keinen oder nur einen unwichtigen Beitrag zum Gemeinwohl beizutragen. Gerade mal 14 Prozent geben aber an, dass keine bis kaum Identifikation mit ihrer Arbeit besteht.

Thoreau brachte die Sinnlosigkeit auf den Punkt: »Die meisten Menschen würden sich beleidigt fühlen, wenn ihnen eine Beschäftigung vorgeschlagen würde, Steine über eine Mauer zu werfen und sie dann wieder zurückzuwerfen, bloß um ihren Lohn damit zu verdienen. Aber viele werden in keiner würdigeren Weise beschäftigt.«[76]

Wir feiern das »Recht auf Arbeit«, laufen ihm nach und fordern es ein. Wir haben sogar ein Menschenrecht daraus gemacht, in der allgemeinen Erklärung der Menschenrechte unter Artikel 23: »Jeder hat das Recht auf Arbeit, auf freie Berufswahl, auf gerechte und befriedigende Arbeitsbedingungen sowie auf Schutz vor Arbeitslosigkeit.« Das mit dem Recht auf freie Berufswahl ist allerdings so eine Sache. Zwar wird durch Artikel 12 im Grundgesetz für alle Deutschen garantiert:

(1) Alle Deutschen haben das Recht, Beruf, Arbeitsplatz und Ausbildungsstätte frei zu wählen. [...]

(2) Niemand darf zu einer bestimmten Arbeit gezwungen werden, außer im Rahmen einer herkömmlichen allgemeinen, für alle gleichen öffentlichen Dienstleistungspflicht.

(3) Zwangsarbeit ist nur bei einer gerichtlich angeordneten Freiheitsentziehung zulässig.

Früher hatten wir die Pflicht zur Arbeit. Diese Pflicht verwandelte sich nach und nach in ein »Recht«, auf das wir ironischerweise sogar stolz sind und es einfordern, anstatt das Märchen der Vollbeschäftigung zu beenden.[77] Ob die Arbeit den Arbeitnehmer*innen aber sinnvoll erscheint oder nicht, ob sie frei gewählt wurde oder einfach aus finanziellen Zwängen, das alles interessiert nicht, solange sich am Ende Ware in Geld und mehr Geld in neue Arbeit verwandeln lässt. Klarer: Was gearbeitet wird, darüber wird undemokratisch danach entschieden, was sich rechnet.

»Wenn man zynisch sein möchte, könnte man sagen, dass die meisten Proteste von Arbeitslosen heutzutage ironischerweise von der Forderung getragen werden: ›Bitte gebt uns einen Job, bei dem wir wenigstens auf normale Art ausgebeutet werden‹«, so bringt es Slavoj Žižek auf den Punkt.[78] Denn während es inzwischen nur noch halb so viele Arbeitslose gibt wie 2005, hat sich die Anzahl der Tafeln zur Linderung der Not in dieser Zeit verdoppelt – Arbeit zu haben bedeutet also keineswegs, dass es den Arbeitnehmer*innen gut geht.

PRAKTISCHE WERKZEUGE FÜR EINE POST-WORK-GESELLSCHAFT

Nach diesem Blick auf die Unsinnigkeit des Arbeitssystems will ich mit Dir nun ganz praktisch einige Lösungsansätze erkunden. Denn: Theorie ohne Praxis ist nie sinnvoll, weil wir erst durch die Praxis Herausforderungen erkennen, die wir als wichtigen Impuls für die weitere Theoriebildung und besonders die Gestaltung von Gesellschaft brauchen.

Friederike Habermann weist explizit darauf hin, dass es nun an der Zeit sei, einfach mal anzufangen: »Wie eine [von der Tauschlogik und damit dem Arbeitsfetisch abgewendete] Gesellschaft im Detail aussehen kann, können wir in unserem heutigen Sein gar nicht wissen. Tausch, Wettbewerb und Sich-durchsetzen-Müssen haben uns geformt. Wir brauchen neue Erfahrungen, in denen wir uns verändern und so neue Erkenntnisse erlangen können. Insofern ist nicht nur realistisch, was im Augenblick durchführbar erscheint: Die Welt formt uns, und wir formen die Welt.«[79]

12 Schritte
in ein arbeitsfreieres Leben

Heute versuchen wir, alle Probleme, die durch Arbeit entstanden sind, durch anderes Arbeiten zu lösen. Bei solchen Versuchen erinnere ich mich immer wieder gerne an Albert Einstein, der darauf hinwies, dass wir Probleme nicht mit derselben Denkweise lösen können, aus der sie entstanden sind. Auf die Frage »Was kann ich schon tun, ich bin doch eh nur eine Person und alleine?« hat der Kapitalismus eine scheinbar simple Antwort: »Konsumiere! Wenn Du bio und faire Produkte einkaufst, werden die Herausforderungen unserer Zeit von ganz alleine weggezaubert.« Das kann nicht funktionieren. Ich möchte Dich stattdessen einladen, Dich als proaktive Wandelgestalter*in zu begreifen.

Leider gibt es den einen Leitfaden zur proaktiven Wandelgestalter*in nicht. Auch wenn der immer wieder gefordert wird und verständlicherweise gewünscht ist. Im Grunde ist das Ganze ein Prozess der Selbstermächtigung, der von jeder Person selbst durchlebt werden muss. Natürlich nicht alleine. Machen wir gemeinsam den Mund auf, sprechen wir über Geld, stellen wir Fragen, reduzieren wir einerseits quantitativ die Arbeit und verwandeln den Rest andererseits so, dass er »spielerisch« wird.[80] Diesen Weg können wir nur in Kooperation gehen, nicht in Konkurrenz.

Diese 12 Schritte bieten Dir dabei erste Ideen:

1. Informieren – der Blick über Deinen Tellerrand hinaus
Mit dem Lesen dieses Buches hast Du bereits einen ersten Schritt getan. Schau für weitere Informationen hinten in dieses Buch, durchforste Blogs, geh auf Infoveranstaltungen. Sei neugierig, offen, und nimm Dir die Zeit, neue Themen zu erforschen. Was interessiert Dich besonders beim Thema Arbeit, was nimmst Du in Deinem eigenen Arbeitsleben wahr?

Reflektieren – Zeit für Deinen inneren Spiegel 2.

Was hat die neue Information mit Dir gemacht? Wie hast Du bisher gelebt, und möchtest Du so weitermachen? Was kannst Du in Deinem Alltag verändern? Wann stehst Du wirklich am liebsten auf? Welche Lebensmittel tun Dir gut? Was willst Du öfter machen?

Wer bist Du? Was machst Du? Für wen machst Du es? Was braucht und wünscht sich diese Person? Wie verändert sie das, was Du tust? Was sind Deine Bedürfnisse? Was kannst Du? Was macht Dir Freude? Was würdest Du tun, wenn Geld keine Rolle spielen würde?

Minimieren – loslassen und Platz schaffen 3.

Nachdem Du reflektiert hast, kannst Du Dich entscheiden, von welchen alten Glaubenssätzen Du Dich verabschieden willst. Was ist mit Neid, Konkurrenzdenken, Selbsthass?

Mit der inneren Entrümpelung geht es im Äußeren weiter. Sieh Dich um. Was in Deiner Wohnung brauchst Du wirklich? Was kannst Du verschenken oder teilen? Finde den nächstgelegenen Umsonstladen, um alles, was Du nicht mehr brauchst, zu verschenken. Wenn Dein Wohnort einen Leihladen oder eine offene Werkstatt hat, kannst Du Dir das nötige Werkzeug dort ausleihen. Geh bewusst und achtsam beide Wege des inneren und äußeren Wandels, denn das eine kann ohne das andere nicht.

Kommunizieren – eine Brücke von innen nach außen 4.

Zeig Deine Gefühle. Bilde Lesekreise, Diskussionsgruppen, in denen Du mit Vertrauten Deine Gedanken diskutierst und reflektierst, was das emotional mit Dir macht. Frag Deine Kolleg*innen und Freund*innen, wie es ihnen geht. Bring Deinen Nachbar*innen ein Stück Kuchen. Teile Deine Erfahrung des Minimierens. Trau Dich, Fragen zu stellen. Wann hast Du das letzte Mal wirklich empathisch zugehört?

Kreieren – Deine Umgebung und Deinen Alltag gestalten 5.

Besuche ein Repaircafé, um das zu erhalten, was Dir wichtig ist. Veranstalte ein Skillsharing, um Deine Fähigkeiten zu teilen und von anderen zu lernen. Mach eine Kleiderschenkparty, bau eine Give Box oder einen offenen Bücherschrank für Dein Haus, Deine Straße oder Deine

Arbeitsstelle. Bilde eine Nutzungsgemeinschaft für Werkzeug, Fahrradanhänger und anderes. Trete für neue Commons ein: für freien Nahverkehr oder die Wissensallmende. Engagier Dich in einer Offenen Werkstatt, initiiere eine Solidarische Landwirtschaft oder was immer sonst Dich reizt. Lass keinen Wohnraum leer oder unternutzt, nur weil er Dein Eigentum ist. Wohne mit Menschen, die Du magst. Verteile Seedbombs. Übernimm Care-Tätigkeiten.

6. Pausieren – Zeit für Faulheit und Müßiggang

Tu einfach mal nichts. Entspanne und verarbeite all die neuen Eindrücke. Ruhe ist gesund und lässt Deinem Gehirn die Zeit, kreativ und fantasievoll zu werden. Wann warst Du das letzte Mal im Wald? Wann hast Du Dir das letzte Mal Zeit genommen und warst mit Dir alleine, um Stille zu erfahren? Dich eine Minute am Tag alleine hinzusetzen und einfach nur bewusst zu atmen kann viel mit Dir machen. Diese Unterbrechungen haben eine immense Kraft.

7. Integrieren – Neue Selbstverständlichkeiten leben

Trau Dich, Dich für längere Zeit auf etwas einzulassen. Besuche regelmäßig Veranstaltungen, Vorträge oder Gruppen, in denen Du aufblühen kannst. Integriere Deine Ideen in Deinen Alltag, und etabliere neue Gewohnheiten, die Dir guttun. Das ist nicht immer ganz leicht und fühlt sich komisch an, weil nach der Komfortzone die Lernzone kommt, in der wir Neues erfahren. Bleib zwei Monate dran, und es wird sich ganz »normal« anfühlen. Stehe zu dem, was Du machst und was Du für richtig hältst. Habe keine Angst, Dein Leben zu verändern. Du kannst immer Menschen finden, die Dich auf Deinem Weg begleiten. Und denk immer daran: Du lebst Dein Leben und nicht das Leben Deiner Eltern oder von irgendwelchen anderen Personen.

8. Boykottieren – die Kraft, Nein zu sagen

Was willst Du nicht mehr unterstützen? Hör auf, Dinge zu tun, die Du nicht vertreten kannst. Arbeite weniger. Konsumiere weniger. Leiste weniger. Sei höflich zu Dir selbst – und damit zur Welt.

Solidarisieren – ein Netz weben 9.

Welche Gruppen oder politischen Themen haben Dich schon länger interessiert? Tierbefreiung, Permakultur, Antirassismus oder Klimagerechtigkeit? Unterstütze etwas, das Dich bewegt, überlege dafür, ob Du lieber Zeit oder Geld schenken willst. Werde Teil eines Netzwerks oder einer Bewegung. Bildet Banden und kreiert Kollektive.

Dekonstruieren – Wegweiser in eine schönere Welt aufstellen 10.

Hilf Deinen Freund*innen oder Verwandten dabei, ihre Ängste und Zweifel zu dekonstruieren. Zeig ihnen, wie gut Dir Dein Leben gelingt oder was Dir schwerfällt, teile Deine Vision mit ihnen, nimm sie mit in Deine Gruppen. Das authentische Vorleben neuer Selbstverständlichkeiten ist kraftvoller als jede Theorie.

Was oder wer hat Dich bis jetzt inspiriert? Was hat Dir geholfen, aktiv zu werden?

Zelebrieren – Zeit für Freude und Dankbarkeit 11.

Wofür bist Du dankbar? Worüber freust Du Dich? Feiere Deinen Weg und die positiven Schritte in der Welt. Vergegenwärtige Dir, was schon alles geschafft wurde. Mache kurze Dankbarkeitsrunden in Deinen Gruppen, oder schreib das, was Dich an dem Tag bewegte, für Dich alleine in ein »Dankbarkeits- und Aha-Momentheftchen«. Das hast Du noch nicht? Dann leg es Dir gerne an.

Etablieren – langfristige Strukturen schaffen 12.

Um langfristig aktiv sein zu können, braucht es Strukturen, die Dich und Gruppen unterstützen: solidarische Krankenkassen, gemeinsame Ökonomien, gesunde Beziehungen, Sharing-Communitys. Und es braucht Gemeingüter, Orte, an denen Menschen sich frei entfalten und außerhalb von Markt und Staat produzieren können. Kannst Du Dir vorstellen, in eine Kommune zu ziehen, eine Gemeinschaft zu gründen oder Dich auf eine andere Weise kollektiv zu organisieren?

Wow. Das war ein wilder Ritt durch die verschiedensten »-ieren«. Was ging mit Dir in Resonanz? Nimm es spielerisch, und fang da an oder mach da weiter, wo es sich für Dich stimmig anfühlt.

Für mich war es als allererster Schritt wichtig, das Wort »Arbeit« aus meinem Wortschatz zu streichen, weil damit negative Konnotationen verbunden sind. Stattdessen nutzte ich lieber positiv klingende Worte wie »wirken, wuppen, gestalten oder kreativ schaffen«, um zu zeigen, dass ich das, was ich tat, gerne machte. Doch genau wie das Wort »arbeiten« waren diese Begriffe höchst unscharf. Im Grunde war das nur alter Wein in neuen Schläuchen. Denn ganz radikal hat sich dabei nichts geändert. Heute denke ich vor allem, dass es sinnvoll wäre, einfach direkt die Tätigkeiten zu benennen, die gerade getan werden – so wie Menschen es immer und überall getan haben, bevor ihnen das Konzept Arbeit aufgedrückt wurde. Also: Ich schreibe E-Mails, oder ich gehe spazieren, oder ich räume auf. Ich gärtnere, schwimme, plane, koche. Und gerade schreibe ich ein Buch, und Du liest dieses Kapitel. Die Sprache ermöglicht uns eine Vielfalt von Ausdrucksmöglichkeiten.

Diese Schritte sind mühsam. Mir geht es dabei manchmal zu langsam, und Zweifel kommen auf. Dann erinnere ich mich an eine Metapher von Subcomandante Marcos von den Zapatistas, die mir Hoffnung gibt, immer weiter diese Utopie anzustreben: »Rebellion ist wie dieser Schmetterling, der auf das Meer ohne Insel oder Felsen zuhält. Er weiß, dass er keinen Platz zum Landen hat. Doch zögert er nicht zu fliegen. Und nein, weder der Schmetterling noch die Rebellion sind dumm oder selbstmörderisch. Es ist nur so, dass sie wissen, dass sie doch etwas haben werden, wo sie landen können, weil es in dieser Richtung eine kleine Insel gibt, die noch kein Satellit entdeckt hat.«[81]

Im Alltag haben wir zwar Bauchschmerzen damit, wie die Welt gerade funktioniert, aber es scheint uns so, als wären nur wir es, die zu schwach, zu klein, zu zerbrechlich sind. Daher wird es immer wichtiger, dass wir offen miteinander reden. Denn: Du bist nicht alleine! Wenn Du Dich traust, in authentischer Begegnung zu zeigen, dass es Dir nicht gut geht, wirst Du sehen, dass es vielen Menschen ähnlich geht wie Dir! In unserem Netzwerk »living utopia« schaffen wir Räume anderer Selbstverständlichkeit. Dort passiert etwas Wunderbares, denn Menschen können in diesem Experimentierfeld fern von Leistungsdruck, Selbstoptimierungswahn und Konkurrenz Erfahrungen sammeln und sehen, dass sie mit ihren Wünschen und Ängsten nicht allein sind und es viele Menschen gibt, die im System nicht funktionieren (wollen). Der Wachstums- und Verwertungslogik zu entsagen und utopietaugliche Alternativen zu organisieren und zu erleben ist dafür ein wichtiger Schritt. Ein solidarisches Umfeld ist ein guter Nährboden, um sich gegenseitig zu reflektieren und aktiv zu werden. Gemeinsam die Träume weiterzuspinnen und diese in die Realität umzusetzen. Denn: Realität ist nicht starr, sie ist veränderbar. Durch jede*n von uns.

Zum Nachdenken

Wenn Dir das Nachdenken und Kommunizieren über Geld, Eigentum und Arbeit noch ganz neu ist, nimm gerne diese Fragen zur Hand, um zu starten:

Wann hast Du das letzte Mal Geld verschenkt, anstatt es bei Dir zu behalten oder zu leihen? Wie hast Du Dich dabei gefühlt? Wieso machst Du das nicht öfter?

Wieso können wir nicht auch mit Geld so umgehen wie mit Kleidung, Wohnungen und vielen anderen Gebrauchsgütern, die wir gerne teilen?

Wann hast Du das letzte Mal »mein« gesagt? Was meinst Du damit genau? Welches Bedürfnis steckt dahinter?

Welcher »Arbeit« gehst Du nach, und machst Du das gerne? Wieso machst Du es dennoch? Was würde sich ändern, wenn Du montags nicht mehr arbeiten müsstest?

Aber am Ende macht doch nun mein eigenes Wirken keinen Unterschied, oder?

Doch! Dafür seien nur kurz zwei Prinzipien der Veränderung zur Motivation aufgeführt.

Das Glaubwürdigkeitsprinzip

Theorie ist fein, solange keine Praxis folgen muss – so kennen wir es. Die Lehrer*in erklärt uns das eine, nennt es gut, tut aber im gleichem Atemzug genau das Gegenteil. Es ist eine große Lücke zwischen A sagen und B tun. Wir lernen als Schüler*innen diese Haltung kennen und reproduzieren sie, weil sie normal zu sein scheint. Normal, dass die logischen Theorien und gefühlte Moral zu dieser einen Handlung einladen, aber wir diametral davon agieren dürfen oder müssen. Wir sollten weniger reden und stattdessen wirklich handeln und damit A sagen und B tun so nah wie möglich zusammenführen. Das mag nicht immer perfekt gelingen, und doch gibt es keine andere Chance, als sich immer mehr darin zu üben. Authentisch das zu tun, was sich gut anfühlt. Glaubhaft vorgelebte utopietaugliche Alternativen sind das beste Nachhaltigkeitskommunikationsinstrument. Vieles wird gesagt und kann infrage gestellt werden. Eine umgesetzte Handlung hingegen ist unwiderlegbar. Sie inspiriert andere Menschen und eröffnet Räume, authentischer zu werden.

Das Prinzip der sozialen Diffusion

Wie lange aber sollen wir denn alle versuchen, immer authentischer zu werden? Wann steigen andere Menschen darauf ein? Mit dieser Frage kommen wir zum zweiten Prinzip, dem der sozialen Diffusion. Es lässt sich bildhaft als Schneeballeffekt beschreiben. Wenn nur immer mehr Menschen radikaler umdenken und anders handeln, werden wir irgendwann die kritische Masse erreicht haben und damit mainstreamfähig werden. Je nach Studie braucht eine kritische Masse fünf bis zehn Prozent der Gesamtbevölkerung. Wir sehen das gut am Beispiel des Vegetarismus: Vor 30 Jahren war das noch eine ganz komische Angelegenheit. Menschen trugen Birkenstocksandalen und Jutetaschen, tranken ekelhafte Sojamilch und aßen Haferbreipampe. Wie Menschen so überleben können, war unvorstellbar. Heute ist es gar kein Problem mehr. Vegetarisch leben ist ein Trend, der durchaus gesellschaftliches Bewusstsein erzeugt und Relevanz erreicht hat. Ich freue mich auf die Zeit, in der wir auch den Arbeitsfetisch überwunden haben – bist Du dabei?

Suffizienz

Was brauche ich eigentlich wirklich?

Wenn Du Dir darüber im Klaren bist, was Du wirklich für ein gutes Leben benötigst, reduziert das automatisch Deine Konsumausgaben. Dann brauchst Du nicht mehr so viel Geld und kannst Dich von Arbeit mehr und mehr befreien. Natürlich geht es dabei nun nicht darum, geizig zu werden, sondern vielmehr darum, sich die Frage nach der Genügsamkeit zu stellen. Das meint keinen Verzicht, sondern Lebensfreude.

Leider wird Suffizienz oft negativ verstanden – aber eigentlich nur im Deutschen. Fast alle anderen Sprachen sind da neutraler. Suffizienz meint einfach: »Es genügt!«, »Das reicht!« oder »Mehr brauche ich nicht, danke!« Die Frage nach der Suffizienz hängt unmittelbar mit der nach einem guten Leben zusammen: »Was bedeutet gutes Leben (für mich)?«

Wir leiden unter einer Konsumverstopfung. Zur Erinnerung: 10.000 Dinge besitzen wir im Durchschnitt. Sie überfordern uns und müllen uns zu. Ist es die Anhäufung von Materiellem oder doch eher ein Fokus auf soziale Interaktionen, auf Freundschaften und schöne Beziehungen sowie Netzwerke von Menschen, die ähnliche Träume haben wie Du?

Wenn wir unzufrieden sind, kann das ein Zeichen dafür sein, dass unsere sozialen Grundbedürfnisse nicht erfüllt sind. Nach dem Friedenspädagogen Karl-Heinz Bittl, der viele Bedürfniskonzepte pointiert zusammenfasst, sind dies:

▶ Liebe (leistungsfreier Selbstwert)

▶ Anerkennung (für unsere Talente und unser Engagement)

▶ Sicherheit (etwa durch eine Aufgabe oder einen geschützten Raum)

▶ Orientierung (als roter Faden im eigenen Tun und Handeln)

▶ Autonomie (um eigene Identität zum Ausdruck zu bringen)

▶ sinnvolles Tun (Sinn erkennen im eigenen Tun, das uns motiviert)

Es kann leicht passieren, dass wir auf überflüssige Konsumgüter zurückgreifen, wenn unsere sozialen Bedürfnisse nicht erfüllt sind. Das ist oftmals eine trügerische Kompensation, die nur für kurze Glücksmomente taugt. Bald brauchen wir dann wieder Geld, um weitere Konsumgüter zu erwerben, die uns glücklicher machen. Niko Paech meint dazu: »Durch den Abwurf von Wohlstandsballast wäre es wieder möglich, sich stressfrei auf das Wesentliche zu konzentrieren, statt im Hamsterrad der käuflichen Selbstverwirklichung zusehends orientierungslos zu werden.«[82]

Überlege, wann Du zuletzt richtig glücklich warst. Glaubst Du, dass Du glücklicher bist, wenn Du mehr Geld hast und demnach mehr kaufen und konsumieren kannst? Wenn Du Dir die Frage gestellt hast, was Du wirklich brauchst, kannst Du das eine oder andere sicher anders organisieren als über Geld. Und mit weniger Zeug hast Du mehr Zeit, Dich dem zu widmen, was Du wirklich tun willst.

Suffizienz schenkt uns außerdem Freiräume und gibt Chancen. Du kannst damit Autonomie erfahren, indem Du Dich Stück für Stück von der Welt des Konsums unabhängiger machst. Das befreit. Zusätzlich ermöglicht Dir das längere Nutzen von Gegenständen den Gewinn von Kompetenzen etwa zur Fahrradreparatur oder auch das Aufbauen eines Netzwerkes an Menschen, die darin talentiert sind. Wir entdecken unsere Kreativität wieder, weil Geld nicht mehr die einzige Lösung von Problemen darstellt. Hinzu kommt, dass Du achtsamer wirst und dankbarer sein kannst für das, was gerade da ist. Wenn wir das gesamte Jahr über Erdbeeren essen, ist es nichts Besonderes mehr. Wenn wir sie zur Saison und regional essen, können wir uns immer wieder neu daran erfreuen. Ein Weniger an Zeug, Terminen und weiteren To-dos kann dazu führen, dass wir das tun, was wirklich gerade dran ist. Dies ermöglicht, wieder bewusster zu erfahren und erleben.

Mein eigenes Leben lässt sich wohl als radikaler Minimalismus beschreiben – weil es mich glücklicher macht. Doch das ist sicher verschieden, jeder Mensch ist anders. Aber alle wollen wir glücklich sein, und um nichts weniger geht es: gut zu leben statt viel zu haben. Aber wie kommen wir dahin?

Einfach mal anfangen !

Es gibt ein wunderbares Experiment, um sich selbst vom Überfluss im Kleiderschrank zu befreien: Hänge alle Deine Kleidung für eine Saison (zum Beispiel Sommer) auf Kleiderbügel mit der offenen Seite zur Wand hin. Wenn Du nun ein Kleidungsstück angezogen hast, drehst Du den Kleiderbügel andersherum. Nach drei Monaten kannst Du abrechnen: Alle Kleidungsstücke, die sich nicht bewegt haben und somit noch mit dem Kleiderbügel zur Wand hin hängen, brauchst Du nicht mehr, da Du sie sowieso nicht benutzt. Befreie Dich davon!

Wolfgang Sachs, der schon in den Neunzigerjahren viele wachstumskritische Impulse aus dem globalen Süden in die deutsche Debatte getragen hat, spricht von den vier »E« und benennt damit einen Orientierungsrahmen, der uns helfen kann, Suffizienz in unser Leben zu integrieren.

► Entschleunigung: das rechte Maß für die Zeit

► Entflechtung: das rechte Maß für den Raum (regional/global)

► Entrümpelung: der Akt, sich vom Überflüssigen zu trennen

► Entkommerzialisierung: die Strategie, dem Leben jenseits von Markt und Staat mehr Priorität zu geben

Interessanterweise sinkt der Geldbedarf, wenn Du nicht mehr arbeiten gehst. Viele von uns machen eine ähnliche, aber umgekehrte Erfahrung, wenn sie das erste Mal einen Gehaltscheck bekommen. Ganz automatisch und scheinbar unabwendbar steigt dann auch der monetäre Bedarf, weil die Bedürfnisse steigen. Die Brille ändert sich, wenn Du Geld mit Dir herumträgst. Mach das Experiment selbst, und nimm kein Geld mit, wenn Du außer Haus gehst. Auf einmal verändert sich der Blick, und Du siehst in den ganzen Läden keine potenzielle Konsummöglichkeit mehr, sondern kannst mehr und mehr verstehen, was Sokrates meinte, wenn er sagte: »Wie zahlreich sind doch die Dinge, derer ich nicht bedarf.«

Bevor Du das nächste Mal etwas kaufen willst, kannst Du Dir ein paar Fragen stellen, die Dir helfen zu entscheiden, ob der Kauf gerade wirklich notwendig ist:

✓
- ☐ Brauche ich es wirklich, oder will ich es nur haben?
- ☐ Warum will ich es haben? Welches Bedürfnis steckt dahinter? Will ich es haben, damit ich schöner, klüger, cooler oder entspannter werde? Kann dieses Produkt das wirklich schaffen? Und: Welche Wege zum Ziel gibt es noch?
- ☐ Gibt es vielleicht schon Ähnliches in meinem Besitz?
- ☐ Wie lange muss ich arbeiten, damit ich das Ding kaufen kann? Was könnte ich noch Schönes für das gleiche (oder sogar ohne) Geld machen?
- ☐ Bin ich wirklich bereit, mich um diesen Gegenstand zu kümmern, ihn also zu reinigen, für die Instandhaltung zu zahlen et cetera?
- ☐ Falls ich dieses Produkt wirklich brauche, gibt es nicht auch andere Möglichkeiten dranzukommen?

Die letzte Frage ist entscheidend: Wenn ich weiß, was ich brauche, lässt sich das oft auch anders organisieren. Und wenn wir Besitz statt Eigentum anerkennen, führt das unweigerlich zu einer großen Fülle und ist dabei zutiefst suffizient, indem wir das teilen und nutzen, was sowieso schon da ist.[83] Nehmen wir unser Leben mehr selbst in die Hand, werden wir weniger abhängig von Konsum. Zum Schluss des Abschnittes sei Dir noch eine Kaufalternativen-Liste ans Herz gelegt. Vielleicht kannst Du, bevor Du irgendetwas Neues kaufst, auch Folgendes tun?

✓
☐ Selbermachen	☐ Upcycling
☐ Ausleihen	☐ Weniger verwenden
☐ Gemeinsam nutzen	☐ Reparieren,
☐ Teilen	dabei auch um Hilfe bitten
☐ Anbauen	☐ Zweckentfremden
☐ Gebraucht organisieren	☐ Reinigen

Sharing
Vorhandenes sinnvoll nutzen

Die Idee des Teilens ist ganz einfach: Warum sollten wir alle eine eigene Bohrmaschine haben, wenn so eine Maschine durchschnittlich in ihrem Leben insgesamt nur 13 Minuten benutzt wird? Wenn wir sie jetzt gerade doch nur für das eine Loch in der Wand brauchen? Wie übertrieben und unnötig ist es da, mit einer eigenen Maschine die Wohnung vollzumüllen?

Die Bohrmaschine ist natürlich nur ein Produkt von vielen, mit denen wir anders umgehen könnten. Vielleicht kennst Du die Situation auch bei anderen Gegenständen. Als Alternative zum Eigentum können wir für diese Gegenstände Nutzungs- beziehungsweise Sharing-Gemeinschaften bilden, zum Beispiel mit Nachbar*innen, Kolleg*innen oder Freund*innen. Auch Du findest bestimmt schnell Menschen, mit denen Du Dich prima ergänzt.

Die positiven ökologischen und sozialen Aspekte von Sharing sind enorm. Wenn wir uns mit zehn Menschen eine Bohrmaschine teilen, statt zehn einzelne Bohrmaschinen zu besitzen, führt das zu einer Materialreduktion um 90 Prozent. Zudem werden dadurch soziale Kontakte und Begegnungen ermöglicht – vielleicht baut mensch auch mal gemeinsam etwas oder hat beim nächsten Regalaufbau eine helfende Hand.

In den letzten Jahren ist die Idee des Teilens immer mainstreamfähiger geworden. Die Sharing Economy in Gestalt von Uber, Airbnb und Co. hilft uns scheinbar netterweise dabei. Über smarte Apps geben diese neuen Konzerne uns den Zugang zu wichtigen Gebrauchsgütern. Wir brauchen nicht mehr in teuren, hässlichen und anonymen Hotelzimmern zu schlafen, sondern können direkt bei authentischen Menschen vor Ort übernachten. Und umgekehrt: Wir stellen unsere Zimmer und Wohnungen zur Verfügung und können damit unsere Miete mitfinanzieren – die allerdings auch deshalb immer weiter steigt, weil unsere Nachbar*innen auch über Airbnb vermieten. Erschreckend ist bei diesen Firmen jedoch, dass das meiste Geld bei den Betreibern der

Plattformen hängen bleibt und nicht bei den Teilenden. Airbnb ist ein gutes Beispiel dieses sogenannten Plattformkapitalismus: Die Firma besitzt kein einziges Hotelzimmer und keinen einzigen Bettbezug. Eigentlich nichts. Und gleichzeitig gibt es auf der Plattform vier Millionen Inserate in über 190 Ländern. Ihr Umsatz lag 2017 bei 3,5 Milliarden Euro. Das Unternehmen lebt davon, dass wir verlernt haben, das Teilen selbst in die Hand zu nehmen, und trägt damit zur Gentrifizierung vieler Stadtteile bei. Wir sind abhängig von ein paar Konzernen geworden und übersehen dabei, dass wir gar nicht wirklich teilen, sondern wieder der Tauschlogik verfallen sind. Merke: Nicht überall, wo im Kapitalismus »Teilen« draufsteht, ist auch Teilen drin. Der Kapitalismus zeigt hier erneut glänzend, dass er alternative Trends vereinnahmen kann und als System immer daran interessiert ist, sich selbst zu erhalten. Wir sehen immer wieder, dass die anarchistische Praxis vom Kapitalismus mainstreamfähig gemacht und kommerzialisiert wird. Mit der »Herrschaft des Geldes« werden moralisch hochstehende Tugenden wie die Bereitschaft zum Teilen durch den Zwang zum Gelderwerb ersetzt«;[84] wirtschaftliches Handeln orientiert sich nicht mehr an der Befriedigung natürlicher Bedürfnisse, sondern an der Erzielung eines maximalen Profits. Die »Herrschaft des Geldes« unterdrückt, so formuliert es der Anthropologe Georg Klute, in ihrer totalitären Regierung moralische Wertevorstellungen wie die Idee des »wirklichen Schenkens«.[85]

Wenn ich hier also von Sharing als Teilen spreche, dann meine ich damit keine grün angestrichene kapitalistische Sharing Economy. Es geht um viel mehr: um ein emanzipatorisches Teilen untereinander, ohne Konzerne dazwischenzuschalten, die durch unsere Freude, im Sinne der Nachhaltigkeit zu teilen, Geld und Macht akkumulieren. Und darum geht es: wieder in Kooperation unser Potenzial zu entfalten.

Subsistenz
»Do it yourself« und »Do it together«

Nimm Dein Leben selbst in die Hand – do it yourself. Oder noch besser: Nehmen wir gemeinsam unser Leben wieder selbst in die Hand – do it together.

Es gibt viele Möglichkeiten, unabhängiger von der Warenwirtschaft zu leben. Allerdings bedeutet das nicht, dass wir nun alle wieder alles selber machen sollen. Es geht darum, sich jenseits von Staat und Markt gemeinsam zu organisieren. Wir tragen einfach das bei, was wir gerne tun möchten, um solche alternativen Strukturen lebendig werden zu lassen. Die Frage, die Du Dir zu Beginn dieses Prozesses stellen darfst, ist, was Du aus innerer Motivation tust, was Dich motiviert, aktiv zu sein, und was Dein Herzensthema ist. Jede*r von uns hat ein wunderbares Talent, und es ist wichtig, dieses auf irgendeine Art und Weise einzubringen.

Fang an, in Deine Fähigkeiten zu vertrauen. Es macht viel mehr Sinn, das zu tun, was Dir Freude bereitet, wenn Du die Möglichkeit dazu hast, anstatt Dich in einen angepassten Weg zu zwingen, der Kraft und Motivation kostet. Wenn wir unserem Talent und dem, was uns wichtig ist, nachgehen, können wir uns auch am besten gemeinwohldienlich einbringen. Selbstverständlich werden Menschen auch in so einer Gesellschaft Häuser bauen und Nahrung erzeugen sowie Kleidung und andere Dinge fertigen. Sie werden malen, Musik machen und anderen künstlerischen Aktivitäten nachgehen, aber auch Kinder begleiten und ältere Menschen pflegen. Diese Tätigkeiten sind evident, wichtig für unser Leben und brauchen Zeit und Muße.

Aber woher nehmen wir die Zeit, unser Talent zu entdecken? Schließlich haben wir neben der Arbeit kaum noch Luft für andere Aktivitäten – ein Konflikt, der uns die Wahl zwischen Lohnarbeit und Engagement schwer macht. Wenn wir Engagement allerdings kreativ betreiben, kann es auch zur Reduktion der lebenserhaltenen Lohnarbeit führen. Dafür sollte das Engagement nicht additiv betrieben werden, sondern die Lohnarbeit ersetzend. Wenn ich zum Beispiel mit anderen gemeinsam einen Kindergarten organisiere, brauche ich weniger Geld und damit weniger Arbeitszeit, um andere Menschen zu bezahlen, die meine Kinder betreuen. Dafür habe ich mehr Zeit mit meinen Kindern.

Natürlich ist das nicht das Talent von jedem*r, aber dieses Beispiel lässt sich auch auf viele andere Notwendigkeiten des Lebens übertragen. Selbstorganisation und Kreativität sind dafür allerdings die Voraussetzungen. Genau das wird jedoch vor allem durch Lohnarbeit zerstört. Wir sind dazu nicht mehr in der Lage – einerseits durch eintrainierte Fremdbestimmung und Kreativitätswüste, andererseits durch das Aufbrauchen unseres kreativen Potenzials und unserer Freude an Selbstorganisation im Arbeitsalltag. Wenn es uns allerdings irgendwie möglich ist, emanzipatorische Strukturen zu schaffen, in denen wir wieder mehr selbst in die Hand nehmen können, ist es unbedingt empfehlenswert. Wenn wir dann eine Idee gemeinschaftlichen Tätigseins umsetzen, sollte die Barriere der Beteiligung so niedrig wie möglich sein, damit wirklich möglichst viele Menschen mitmachen können und das Ganze nicht bloß ein elitäres Unterfangen ist. In diesem Sinne ist zum Beispiel auch der Slogan der Urban-Gardening-Bewegung zu verstehen: »Es ist deine Stadt, grab sie um!«

Ein weiteres wichtiges Beispiel für so eine subsistente Tätigkeit, die sich mit dem Thema Ernährungssouveränität auseinandersetzt, ist die Solidarische Landwirtschaft. Dabei kooperieren Verbraucher*innen mit Erzeuger*innen gemeinsam auf lokaler Ebene. Die notwendige Summe für Samen, Geräte und alles weitere Notwendige, um Landwirtschaft zu betreiben, wird gemeinsam aufgebracht. Jede Person steuert von Anfang an einen Anteil bei. Über die Saison bekommen die Verbraucher*innen dann regelmäßig einen Teil der Ernte. Das erzeugt Sicherheit für die Produzent*innen. Dafür bekommen die Verbraucher*innen einen Einblick in die Landwirtschaft, indem sie mit aufs Feld gehen, um Gemüse mit zu ernten, oder auch mal helfen, die Traktoren zu reparieren. Diese Synergie schafft einen ganz anderen Bezug zu den Lebensmitteln.

Bei Subsistenz geht es aber nicht nur ums Essen. Das gemeinsame Tätigsein geht viel weiter und kann unter anderem auch auf die Themen Energie, Pflege und vieles mehr angewendet werden. Etwa wenn wir gemeinsam unsere Energieversorgung wieder in die Hand nehmen, so wie die Energierebellen aus Schönau, wo Elektrizitätswerke in Bürger*innenhand aus einer Bürgerinitiative entstanden sind, die Energie als Energiegenossenschaft dezentral und regenerativ produzieren. Subsistenz ist überall dort, wo wir kreativ werden und gemeinsam für das »Leben«[86] tätig sind.

Um eine Befreiung von Markt und Staat zu schaffen, sollten wir auch unser Verständnis von Nachhaltigkeit radikal infrage stellen. Aktuell vorherrschend ist das Drei-Säulen-Modell aus Sozialem, Wirtschaft und Ökologie, die, gleichberechtigt nebeneinanderstehend, das Dach der Nachhaltigkeit stützen. Diese Vorstellung sollte durch eine andere, »Vorrangmodell« genannt, ersetzt werden. Das Vorrangmodell beruht darauf, dass die drei »Säulen« nicht gleichberechtigt nebeneinander, stehen, sondern zwischen den drei Themen Prioritäten gesetzt werden. Die Wirtschaft ist dabei der kleinste Teil, welcher eingebettet ist in einen größeren sozialen Teil. Beides ist wiederum vom großen Ganzen, und zwar der Ökologie, eingerahmt.

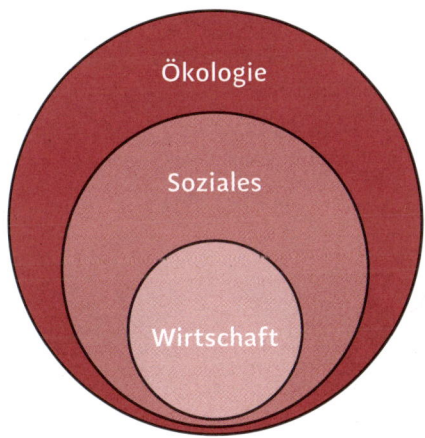

Vorrangmodell der Nachhaltigkeit

Alternativen zur materiellen Existenzsicherung

Die durchschnittliche Höhe von Konsumausgaben in Deutschland betrugen im Jahr 2016 je Haushalt monatlich 2.480 Euro. Für den Bereich Wohnen wurden 877 Euro und damit 35 Prozent der Gesamtausgaben verwendet. 1,3 Millionen Haushalte in Großstädten haben nach der Überweisung der Miete weniger als den Hartz-IV-Satz zur Verfügung. Bei Lebensmitteln sind mit 342 Euro 14 Prozent der Gesamtkonsumausgaben erreicht.[87]

Im Kapitel »Arbeit und Überproduktion« habe ich schon angesprochen, dass eigentlich beinahe alles bereits in Hülle und Fülle vorhanden ist. Wie können wir unsere Existenzsicherung also anders gestalten, um nicht weiter zur Überproduktion beizutragen? Die Idee: Nutze möglichst Vorhandenes sinnvoll – das ist das Nachhaltigste, was Du tun kannst, weil Du so wenig wie möglich weitere finanzielle Nachfrage schaffst für ein Angebot, welches meist in unvorstellbarem Übermaß vorhanden ist. Eine kurze Übersicht an Alternativen zur materiellen Existenzsicherung zeige ich Dir hier an den vier Bereichen Ernährung, Mobilität, Wohnen und Kleidung:

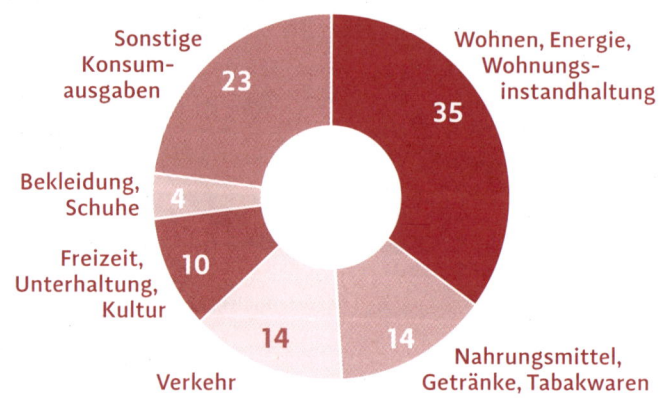

Konsumausgaben privater Haushalte 2016 in %.
Laufende Wirtschaftsrechnungen (Statistisches Bundesamt [Destatis], 2017)

Ernährung

Foodsharing: eine Initiative, die mit Lebensmittelunternehmen kooperiert und nicht mehr verkaufsfähige, aber genießbare Ware direkt abholt – ähnlich wie die Tafel. Nur werden diese Lebensmittel dann an FairTeil-Stellen allen zugänglich gemacht. Mehr Infos findest Du unter: http://foodsharing.de.

Selbst anbauen: Das eigene Anbauen von Lebensmitteln hat verschiedene Vorteile – drei möchte ich kurz ausführen: 1. Wir lernen, wie Obst, Gemüse und Getreide wächst und dass es nicht aus Plastikverpackungen kommt. 2. Wir können experimentieren. Was bedeutet es für den Boden und die eigene Gesundheit, biologisch und vegan anzubauen? Wie kann ich im Einklang mit der Natur und Mitlebewesen leben? 3. Wir wertschätzen das Essen viel mehr. Und das wiederum führt idealerweise dazu, dass wir weniger wegwerfen. Wir bekommen wieder einen Bezug zu unserer Nahrung und lernen, unseren Sinnen zu vertrauen und keinem mehr oder weniger willkürlich aufgedruckten Mindesthaltbarkeitsdatum.

Stoppeln: Vieles kommt gar nicht erst in die Lebensmittelmärkte, um dann via Foodsharing gerettet werden zu können, sondern bleibt auf dem Feld liegen. Bei Kartoffeln sind das unglaubliche 30 bis 40 Prozent der Ernte – einfach weil viele Knollen nicht der Norm entsprechen. Frag doch mal bei umliegenden Bauernhöfen, ob Du nach der Saison »stoppeln«, also nachernten, darfst. Meistens freuen sie sich darüber, weil sie sich selbst in dem ethischen Dilemma befinden: Sie stecken viel Energie und Liebe in die Pflanzen und müssen am Ende gezwungenermaßen aussortieren.

Mundraub: Wilde Beeren- und Nusssträucher sowie Obstbäume, die voller reifer Früchte hängen und niemals abgeerntet werden – ein bekanntes Bild? Auf der Internetplattform mundraub.org findest Du eine Landkarte, in der Bäume und Sträucher verzeichnet sind, die auf fleißige Sammler*innen warten. Aufbewahrungsbox einstecken, Fahrrad schnappen, und los geht's!

Mobilität

Mitfahrgelegenheiten: Sei es per Auto oder per Länder- und Wochenendtickets – Mitfahrgelegenheiten sparen Geld und schenken gleichzeitig die Möglichkeit, Menschen zu begegnen.

Das gute alte Fahrrad: Entdecke Dein Fahrrad auch für weitere Urlaubsreisen, um Entschleunigung zu üben. Auch schwerere Transporte sind kaum noch ein Problem. Mittlerweile gibt es E-Lastenrad-Verleihorte in den meisten Großstädten – vielleicht auch bei Dir in der Nähe?

Carsharing: Teilt Euch Autos in der Nachbar*innenschaft.

Wohnen

Mietshäusersyndikat: ein kooperatives und nicht kommerziell organisiertes Netzwerk mit dem Ziel, Gebäude gemeinschaftlich aufzukaufen, damit diese dem Immobilienmarkt entzogen werden und in Gemeineigentum übergehen.

be welcome: Du verreist und suchst noch einen Schlafplatz? »Couchsurfing« ist mittlerweile allseits bekannt und leider seit 2011 kommerziell. Stattdessen gibt es die alternative Plattform »be welcome«, die gemeinnützig und ausschließlich von Mitgliedern organisiert wird. Du kennst das Prinzip noch nicht? Schau einfach auf der Website vorbei, es ist ziemlich selbsterklärend!

Ökodörfer: Wenn sich Menschen zusammentun und in einer Gegend gemeinsam leben möchten, bauen sie nachhaltige Infrastruktur – meist in ländlicher Gegend – auf und zeigen, wie sich anders organisiert und zusammen, generationsübergreifend gelebt werden kann.

Co-Housing: Wenn Zeit, Raum oder Energie nicht da sind, um selbst ein Ökodorf zu gründen, sind auch kleinere Co-Housing-Projekte sehr bereichernd und spannend. Gemeinsame Räume (Werkstatt, Seminarraum, Küche ...) zählen ebenso dazu wie ein hierarchiearmes, solidarisches und selbstorganisiertes Miteinander.

Die gute alte klassische **Wohngemeinschaft**, in der Du Dir mit mehreren Menschen eine Wohnung teilst, ist natürlich auch sinnvoll.

Kleidung

Kleiderschenkpartys: Nach der Idee »Teilen statt Wegwerfen« werden auf Kleidertauschpartys für den eigenen Bedarf nicht mehr benötigte Kleidungsstücke mitgebracht und allen Menschen, die dabei sind, zur Verfügung gestellt. Nun steht es jedem Menschen frei, sich das zu nehmen, was er oder sie benötigt oder gerne haben möchte.

Umsonstläden: Solche Läden sind feste Räumlichkeiten, die meist auch eine Kleider-Schenkecke haben. Zu den jeweiligen Öffnungszeiten lädt dieser Ort ein, zu stöbern, zu verweilen und Nützliches zu finden. Umsonstläden findest Du fast in jeder größeren Stadt und manches Mal auch auf dem Land.

Upcycling: Statt einer Weitergabe ungenutzter Kleidung gibt es auch noch die Möglichkeit, kreativ zu werden und den alten Kleidungsstücken durch Upcycling ein neues Gesicht zu schenken – etwa durch Färben, Anmalen oder Umnähen.

Einen kleinen Überblick zu allen möglichen Lebensbereichen findest Du auch in dieser Übersicht namens KonsumKontraste, die in unserer Geldfreier-leben-Facebook-Gruppe entstanden ist:

mit Geld	geldfrei(er)
Hotel	Trustroots, BeWelcome
Wohnung mieten	Co-Housing, freigekaufte Immobilien zu Commons umwandeln
Obst kaufen	Mundraub.org, Obst im öffentlichen Raum
Lebensmittel im Supermarkt kaufen	Foodsharing, Containern, Gärtnern, Foodcoop, Solidarische Landwirtschaft
Eigener (Schreber-) Garten	Urban Gardening, Gemeinschaftsgärten
Touristguide	Gemeinsam mit Freund*innen die Stadt entdecken (politischer geht das via Critical Mass)

mit Geld	geldfrei(er)
Konzerte	Umsonst-und-draußen-Festivals, Vogelkonzert im Wald
Schwimmbad	See, Meer, Teich
Urheberrechtliche Werke	Creative Commons (freie Inhalte)
Wellnessurlaub	Erst mal weniger arbeiten! Fahrradtour, Waldspaziergang ...
Eigenes Auto fahren	Trampen, Mitfahrgelegenheit, Carsharing
Fahrradwerkstatt	Bikekitchen, also eine Fahrrad-selbsthilfewerkstatt
Autowerkstatt	Nachbarschaftshilfe
Universität, Hochschule ...	Freie selbstbestimmte Bildungsinitiativen oder Onlineuniversitäten wie Iversity
Buch kaufen	Offener Bücherschrank, Bibliothek
Internet	Freifunk
Kleidung einkaufen	Umsonstladen, Kleiderschenkparty
Werkzeug	Leihläden, offene Werkstatt
Möbel kaufen	Selbst bauen, Sperrmüllen (recyceln), Kleinmöbellager
Kommerzielle Software	Open Source Software (Linux, Open Office)

Natürlich ist die Idee, auf das zurückzugreifen, was schon existiert, nicht zukunftsfähig, weil es nur systemimmanente Nischen bildet. Der Kapitalismus schafft diesen Überfluss durch die permanente Überproduktion in der Wegwerfgesellschaft. Diesen Überfluss zu nutzen ist nachhaltig, weil es kurzfristig ökologisch ist; daran festzuhalten ist nicht nachhaltig. Allerdings ist es eine sinnvolle Transformationsstrategie, um sich unabhängiger von Lohnarbeit zu machen und mit der frei gewordenen Zeit utopietaugliche Alternativen auf- und auszubauen.

Ein konkretes Beispiel: Wenn ich Hunger habe und diesen durch gerettete Lebensmittel via Foodsharing stille, befreit mich das von der

Lohnarbeit, da ich nicht erst Geld erarbeiten muss, um dann mein Bedürfnis nach Nahrung in Form von Konsumgütern aus dem Supermarkt zu stillen. Mit der frei gewordenen Zeit kann ich beispielsweise biovegane Permakultur-Gemeinschaftsgärten anlegen und in Kollektivstrukturen gestalten. Dabei muss ich mich nicht verwerten, sondern kann die daraus entstehenden Lebensmittel frei zugänglich mit Menschen teilen. Damit trage ich zu resilienten und wirklich zukunftsfähigen Alternativen bei.

So nimmt der Überfluss, den ich mit vielen Menschen nutze, stetig ab und die neu aufgebauten Alternativen zu. Damit entstehen viele »Halbinseln gegen den Strom«[88], die – verbunden als Netz – andere Selbstverständlichkeiten erfahrbar machen können. Es geht darum, geldfreier zu leben, um dann arbeitsunabhängiger zu werden und sich mit der frei gewordenen Zeit zu entfalten, auf das eigene Talent, die Berufung, das Potenzial zu schauen. Wenn ich das gefunden habe, kann ich wieder etwas gemeinwohldienlich einbringen.

Fünf Forderungen für eine arbeitsfreiere Gesellschaft

Von der linksradikalen Splitterpartei bis zum rechtsextremen Flügel preisen alle Parteien in Deutschland die Göttin der Arbeit. Eine kurze Auflistung verschiedener Wahlslogans aus den vergangenen Jahren verdeutlicht dies: »Sozial ist, was Arbeit schafft« (CSU), »Arbeit und Wohlstand für alle« (CDU), »Frieden, Arbeit, Solidarität« (DKP), »Arbeit sichern, neue schaffen« (Die Linke), »Mehr Netto. Mehr Bildung. Mehr Arbeit« (FDP), »Brüder durch Sonne zur Arbeit« (Grüne), »Arbeit. Familie. Vaterland« (NPD) oder auch ganz kreativ »Arbeit. Arbeit.Arbeit.« (SPD). Beinahe unheimlich, dass sich alle darin so einig sind.[89]

Das politische Ziel ist unisono: »Wir brauchen (mehr) Arbeitsplätze zur Standortsicherung Deutschlands!« Das kann aber nur auf Kosten anderer geschehen. Also: »Braucht es eine Nichtarbeiterpartei?«[90] Was es auf jeden Fall braucht:

1. Eine breite gesellschaftliche Debatte über Arbeit als solche, ihren moralischen Wert, darüber, welche Tätigkeiten es wirklich braucht und welche definitiv nicht – lasst uns in Schulen, an Universitäten, auf Camps, auf der Arbeit, auf den Spielplätzen, im Schwimmbad, beim Golfspielen, im Alltag und einfach überall darüber reden.

2. Einen radikalen Umbau des Bildungssystems: Welche Fähigkeiten und welches Wissen brauchen und wollen Menschen heute wirklich? Bereits in jungen Jahren (und auch später) braucht es eine freie Entfaltung des eigenen Potenzials und nicht die Inwertsetzung für den Arbeitsmarkt. Das könnte durch freie Bildungsorte verwirklicht werden, die altersunabhängig Wissen und Fähigkeiten erlernbar machen.

3. Die Möglichkeit, die Existenz immer entkoppelter vom Arbeiten zu bestreiten, etwa durch kostenlose Infrastrukturen wie freier ÖPNV, Zugang zu Land und Freiräume. Dieses Ziel kann auch über ein bedingungsloses Grundeinkommen oder noch besser ein bedingungsloses Grundauskommen[91] organisiert werden.

4. Institutionelle Unterstützung bei der Neuorganisation von »Arbeit« beziehungsweise den gesellschaftlich notwendigen Tätigkeiten. Hierzu sollten unter anderem Gewerkschaften oder das Bundesarbeitsministerium die Vergötterung der Arbeit überwinden und helfen, die nötige Transformation achtsam zu begleiten. Beispielsweise indem Umschulungen organisiert werden, um Skills zu erlernen, im Sinne von Suffizienz, Subsistenz und Sharing resiliente Strukturen aufzubauen.

5. Eine Bewegung, die mit verschiedenen Aktionen und Kampagnen strategisch diese Entfaltung (Überwindung des Arbeitsfetisch) von unten begleitet und immer mehr Bewusstsein für die herrschenden Missstände, die mit dem Arbeitskonstrukt einhergehen, schafft und Alternativen aufzeigt, verbreitet, praktisch erfahrbar macht und konkret vorlebt.[92]

Dieses Buch möchte Dich motivieren, selbst aktiv zu werden und damit die Verhältnisse zu ändern. Auf after-work-buch.de finden sich weitere Möglichkeiten der Vernetzung und des gemeinsamen Aktivwerdens.

FACETTEN
EINES ARBEITSFREIEREN
LEBENS

Das kapitalistische System wäre alternativlos, sagte einst Margaret Thatcher: »There Is No Alternative!« Diesem TINA-Prinzip setzen bereits heute zahlreiche Menschen ein »TAMARA – There Are Many Awesome Realistic Alternatives!« entgegen und zeigen in kleinen und großen Initiativen, was alles möglich ist. Diese Initiativen und Ideen ermöglichen einen prozesshaften Einstieg ins arbeitsfreiere Leben und geben Impulse, die auch Du in Deinem eigenen Leben umsetzen kannst.

Verkürze Deine Arbeitszeit

Tandemploy

Wer lebt es vor?   **Anna Kaiser** und **Jana Tape**, die Gründerinnen von Tandemploy. Sie glauben fest daran, dass »Arbeit anders« nicht nur gehen *kann*, sondern im digitalen Zeitalter sogar anders gehen *muss*. Bei Tandemploy teilen sie sich die Geschäftsführung.

Wie geht's?   Eine Chance, uns unsere Zeit wieder zurückzuholen, nennt sich Arbeitszeitverkürzung. Diese Möglichkeit ist gesetzlich sogar im § 8 Teilzeit- und Befristungsgesetz (TzBfG) festgeschrieben: Die Arbeitnehmer*innen haben einen Anspruch darauf, wenn sie länger als sechs Monate beschäftigt sind und wenn die Arbeitgeber*in in der Regel mehr als 15 Arbeitnehmer*innen beschäftigt, wobei die Auszubildenden nicht mitgezählt werden. Wenn jede*r seine individuelle wöchentliche Arbeitszeit selber bestimmt und wir uns in cleveren, eigenverantwortlichen Teams organisieren, die sich gut absprechen, wird die Arbeitswelt ein Stückchen flexibler, kooperativer und besser für die Einzelne. Mit cleveren Ideen für Teilzeitarbeit hat jede*r für andere Tätigkeiten so viel Zeit, wie benötigt wird, und die Arbeit wird trotzdem nicht zum Chaos.

Tandemploy bietet dazu eine Software, die größere Organisationen von innen heraus verändert und deren starre Strukturen fit macht für die digitale Transformation. Warum nicht der eigenen Firma vorschlagen?

Lass Dich inspirieren!   Anna und Jana erzählen: »Wir hatten tatsächlich ein Schlüsselerlebnis, das uns dazu gebracht hat, unsere alten Jobs aufzugeben und selber zu gründen. Vor fünf Jahren waren wir beide noch Angestellte in einer Personalberatung für die Digitalwirtschaft, wir haben also Mitarbeiter*innen gesucht für Start-ups und Firmen, die digitale Sparten aufgemacht haben. Dort sollte Jana eine Führungsposition besetzen, auf die sich einfach zwei Menschen im Tandem beworben haben: ein gemeinsames Anschreiben und Foto, ein Lebenslauf im Puzzleformat, eine sehr überzeugende Argumentation, warum sie gemeinsam (!) die eierlegende

Wollmilchsau für diese Position sind. Für uns ein Aha-Moment, wie Arbeit auch anders gehen kann!«

Einfach mal anfangen

Überlege Dir, wie viele Stunden Du wirklich arbeiten willst.
Bring in Erfahrung, was Deine Arbeitgeberin für Teilzeitkonzepte anbietet. Was würdest Du mit der gewonnenen Zeit tun?

!

Drei Tipps für ein arbeitsfreieres Leben von Anna und Jana

Traut Euch, Utopien zu denken! Denn wenn wir uns eine utopische Zukunft nicht einmal *vorstellen* können, werden wir uns keinen kleinsten Schritt in ihre Richtung bewegen.

1.

Geht Schritt für Schritt vor, wie Beppo, der Straßenfeger in Michael Endes »Momo«. Würde Beppo bereits zu Beginn an die ganze ellenlange Straße denken, wäre das einfach nur entmutigend. Aber Besenstrich für Besenstrich geht's voran. Fangt einfach heute an – mit einem klitzekleinen ersten Schritt!

2.

Seid authentisch, und habt nicht zu viel Angst vorm Scheitern. Fehler passieren, und meist kann man sie (zumindest nach ein paar Tagen) mit Humor nehmen. Traut Euch, bisherige Schritte zu reflektieren, Entscheidungen zu revidieren und den Weg nochmals anzupassen oder komplett zu verändern. Auch »andere Arbeit« sollte schließlich kein Selbstzweck sein.

3.

Das Prinzip
der Solidarischen Landwirtschaft
ausweiten

Oya

Wer lebt es vor? **Andrea Vetter**: Journalistin, Aktivistin, Wissenschaftlerin, Mutter und Lernende. Sie setzt sich für eine Wirtschaft ein, die sich am Lebensnotwendigen orientiert, und ist im Redaktionskreis der Zeitschrift »Oya: enkeltauglich leben«.

Wie geht's? Im Kapitel »Subsistenz« habe ich bereits über das Prinzip Solidarischer Landwirtschaft gesprochen – Verbraucher*innen und Produzent*innen tun sich zusammen, um außerhalb von Marktstrukturen Lebensmittel zu schaffen und zu essen. Warum dieses Prinzip nicht auf andere Bereiche ausweiten, um der Lohnarbeitslogik zu entkommen?

Die Zeitschrift »Oya« macht es vor, denn sie schreibt nicht nur über solidarische und gemeinschaftliche Formen von enkeltauglichem Zusammenleben, sondern probiert diese selbst aus. Das Magazin finanziert sich seit Frühjahr 2018 zunehmend wie ein gemeinschaftlich getragener Bauernhof. Wer weiterhin die »Oya« klassisch abonnieren oder einen Genossenschaftsanteil zeichnen möchte, kann das gerne tun. Doch hat die Redaktion auch alle Abonnement*innen und Nichtabonnement*innen eingeladen, in den »Hütekreis« des Magazins zu kommen, der dem Kreise einer SoLaWi entspricht. »Übertragen auf ›Oya‹, bedeutet das: Wer sich für den Hütekreis entscheidet, zahlt keinen Abopreis, sondern gibt zum Jahresbudget hinzu, was möglich und stimmig ist, und erhält die Ausgaben eines Jahres gewissermaßen als gemeinsame ›Ernte‹ zugeschickt.« Zum Hütekreis zu gehören bedeutet auch, sich mit der Redaktion über die Weiterentwicklung des Hefts auszutauschen oder sich beispielsweise an der Organisierung eines »Oya«-Fests zu beteiligen.

Ihre ersten Erfahrungen mit den fast hundert Menschen, die sich spontan für den Hütekreis entschieden, empfanden die Beteiligten bereits als Gemein-Schaffen im von ihnen erhofften Sinne: »In diesem

Austausch lagen eine Leichtigkeit und Selbstverständlichkeit, wie sie eben nur durch freiwilliges, gemeinschaftliches Beitragen entsteht. Ganz von selbst stellt sich das Gefühl von Augenhöhe ein.« Und da Information und Austausch zwei der Hauptstützen von Veränderung sind, macht »Oya« dies auf diese besondere Weise nun wirklich nachhaltig.

In ganz ähnlicher Weise könnten wir das Prinzip der SoLaWi auch auf andere Lebensbereiche ausweiten – wie wäre es mit solidarischen Gemeinschaften für Kleidungsherstellung, Seifenproduktion oder auch einem solidarischen Brotbackkollektiv?

Andrea berichtet von ihrem Abschied vom Arbeitsbegriff: »Ausgangspunkt war das feministische Verständnis, dass es verschiedene Arten von Arbeit gibt, etwa Reproduktionsarbeit, Arbeit an der eigenen Entwicklung und Arbeit am Gemeinwesen, die genauso wichtig sind wie Lohnarbeit. Das war für mich zunächst ein wichtiger Erkenntnisschritt. Es hat sich dann aber falsch angefühlt, beispielsweise das Stillen meiner Tochter oder das Trösten einer Freundin als ›Arbeit‹ zu bezeichnen. Diese Tätigkeiten sind zwar notwendig, vielleicht auch manchmal anstrengend und mühsam, aber niemand zieht daraus Profit, sie sind nicht fremdbestimmt, und es macht einen Unterschied, ob ich selbst oder eine andere sie tut. Weil ich mir nun aber andererseits auch nicht mehr vorstellen konnte, nur Tätigkeiten, die mir Geld einbringen, als ›Arbeit‹ zu bezeichnen und ihnen damit einen höheren Stellenwert als anderen notwendigen Verrichtungen einzuräumen, habe ich irgendwann entschieden, einfach gar nicht mehr zu arbeiten, sondern nur noch tätig zu sein!«

Lass Dich inspirieren!

┌─ **Einfach mal anfangen** ─────────────────────────────┐

Überlege, welche Gegenstände sich für eine Solidarische Herstellungsgemeinschaft eignen. Vielleicht hast Du ein Hobby, das sich in dieser Richtung ausbauen ließe? Oder Du schaust Dich in Deiner direkten Umgebung um – kennst Du Menschen, die etwas produzieren und denen Du so eine Gemeinschaft vorschlagen könntest?

└──┘

!

Drei Tipps für ein arbeitsfreieres Leben
von Andrea

1. Anerkennen, was ist. Sich umschauen, welche notwendigen Tätigkeiten im eigenen Umfeld sind. Diese tun. Sich immer wieder daran erinnern. Menschen dankbar sein, die Dich immer wieder daran erinnern.

2. Sich eine Grundfinanzierung besorgen, das kann – im privilegierten Fall wie meinem – über Honorare und Stipendien sein, einen Solitopf oder auch über eine Teilzeitlohnarbeit. Sich darin üben, die Finanzierungsfrage unabhängig von der Tätigkeitsfrage zu lösen.

3. Ausgaben niedrig halten. Wenn es irgendwie möglich ist, günstig wohnen. Freund*innen finden, die Dich unterstützen bei Dingen, die Du selbst nicht kannst.

Hälfte Akten, Hälfte Acker
Stadt, Land, Flow

Wer lebt es vor? **Jonathan Funke:** Er sieht sich als offizieller Beauftragter für Best-Case-Zukunftsszenarien und versucht, Utopien zu entwerfen, die motivieren loszulaufen. Sein persönliches Ziel dabei ist eine Welt, in der man sich auf Montag freuen kann.

Wie geht's? Die Arbeitswelt wird immer modularer. Unsere Lebensläufe sind gekennzeichnet von Schritten und Kapiteln, die kaum länger als drei Jahre dauern. Das bringt einerseits natürlich ein enormes Maß an Freiheit und Selbstentfaltung und ist andererseits in so einer schnelllebigen Gesellschaft auch mit Unsicherheiten verknüpft. Insgesamt scheint es so oder so erstrebenswert, sich breiter zu entfalten. Denn den ganzen Tag am Schreibtisch zu arbeiten ist einfach nicht gesund – weder für die Augen noch für den Rücken oder den Kopf. Warum also nicht nur die Hälfte der Zeit dort verbringen und die andere Hälfte mit einer prakti-

scheren Tätigkeit? »Stadt, Land, Flow – Hälfte Akten, Hälfte Acker«
hilft dabei, die perfekte Balance zwischen Bürojob und Handarbeit zu
finden. Ob Tischlern oder Biokartoffeln ernten: Es gibt einfach nichts
Schöneres, als am Ende des Tages das Ergebnis der eigenen Arbeit in der
Hand zu halten. »Stadt, Land, Flow« will damit nicht nur die Trennung
zwischen Stadt und Land, zwischen sozialen Schichten auflockern. Die
Initiative will lokale Wirtschaftskreisläufe erhalten und den Generatio-
nenwechsel im Handwerk ermöglichen, denn momentan »stirbt« täglich eine deutsche Bäckerei.

Jonathan erzählt von der alltäglichen Herausforderung zwischen Tätig- **Lass Dich**
sein und Ruhephasen: »Weil ich so viele unterschiedliche Talente und **inspirieren!**
Leidenschaften in mir selbst sehe und immer wieder neue entdecke,
hat es für mich keinen Sinn ergeben, nur einem einzigen Beruf nachzugehen. Entscheidend ist dabei, sich immer dort zu befinden, wo man
gerade am wirksamsten ist. (...) Vor allem wenn du liebst, was du tust, ist
die Versuchung groß, immer und überall produktiv sein zu wollen. Das
ist ein großes Problem, vor allem in der Szene der ›Weltverbesserer‹.«

Einfach mal anfangen

*Überlege, ob es eine Tätigkeit gibt, die Dich vom Schreibtisch weg-
führt und die Du schon immer mal ausprobieren wolltest oder bisher nur »nach der Arbeit« machst – ob das nun Gärtnern, Arbeiten
mit Tieren oder Schreinern ist. Suche nach Möglichkeiten, diese in
ein bis zwei Tagen in der Woche statt Deiner normalen Lohnarbeit
auszuführen. Bestimmt gibt es Orte in Deiner Nähe,
an denen auch diese Fähigkeiten gesucht werden!*

!

Drei Tipps für ein arbeitsfreieres Leben
von Jonathan

Deine Landkarte: Male Dir Dein perfektes Leben auf. Mit allem Drum **1.**
und Dran. Alles, was Du immer schon mal machen wolltest. Alles, was
Du später mal Deinen Enkeln über Dein Leben erzählen willst. Lebe
Dich ruhig aus, es guckt keiner zu.

2. Dein Kompass: Einfach machen! Probiere so viel wie möglich aus. Du musst ja nicht direkt Deinen Job hinschmeißen und nach Thailand ziehen. Du kannst ganz entspannt ein paar kleine Schritte in die Richtung machen, die Dir gefällt. Du willst in einem sozialen Unternehmen arbeiten? Vielleicht kannst Du ja erst mal einmal die Woche aushelfen. Du willst Biobäuerin werden? Mach statt dem nächsten Urlaub doch einfach eine Woche Freiwilligenarbeit auf einer Farm. Hauptsache, Du begibst Dich auf dem Weg. Nach den ersten Schritten schlägt dann Dein innerer Kompass aus und sagt Dir, ob Du auf dem richtigen Weg bist.

3. Deine Reise: Du entwickelst Dich Schritt für Schritt, Monat für Monat zu dem Menschen, der Du sein willst. Wie cool ist das denn? Hetze Dich nicht, halte aber auch nicht an. Das Allerwichtigste ist, dass Du die Reise genießt.

Tätigkeit von Existenz entkoppeln
MeinGrundeinkommen

Wer lebt es vor? **Micha Bohmeyer**, der Initiator von »MeinGrundeinkommen« und auch »Sanktionsfrei«[93]. Er denkt, dass Grundeinkommen einfach mal ausprobiert und nicht ewig diskutiert werden sollte. Mit »MeinGrundeinkommen« verlost er Grundeinkommen.

Wie geht's? Die Idee des Grundeinkommens wirft eine entscheidende Frage auf: »Was würde passieren, wenn für Dein Auskommen gesorgt wäre?« Es macht den Menschen im Idealfall wirklich eine freie Entfaltung möglich, weil Existenz von Tätigkeit entkoppelt wird. Du darfst einfach aus Deinem kreativen Potenzial schöpfen und tun, was sich aus innerem Drang stimmig anfühlt, ohne Dich verwerten zu müssen.

»MeinGrundeinkommen« sammelt Geld mittels Crowdfunding. Immer wenn 12.000 Euro zusammen sind, verschenken sie die an zufällig ausgewählte Personen. Die Menschen berichten dann, wie das Grundeinkommen ihr Leben verändert. Jeder Mensch kann bei ihnen teilnehmen. Dafür braucht es nur einen Account auf ihrer Homepage. Die Teilnahme kostet nichts. Jeder Mensch kann gewinnen. Es gibt keinen Haken. Und das macht sie so besonders – denn wo gibt's im Leben wirklich was bedingungslos? »Bei uns!«, sagt Micha.

Micha berichtet von seinem ganz persönlichen Wendepunkt: »Ich war **Lass Dich** mein ganzes Leben selbstständig mit verschiedenen Internet-Start-ups. **inspirieren!** Ende 2013 habe ich mich entschieden, aus meinem funktionierenden Start-up als Geschäftsführer auszusteigen. Ich habe auf mein gutes Gehalt verzichtet und dafür nur noch ein monatliches ›Grundgehalt‹, eine Gewinnausschüttung, bekommen. Diese entsprach im Jahr 2014 ungefähr 1.000 Euro im Monat. Dafür musste ich nicht arbeiten und hatte das Geld komplett bedingungslos zur Verfügung. Das hat mein Leben radikal auf den Kopf gestellt. Ich bin mutiger geworden, kreativer, ein besserer Vater. Ich lebe gesünder. Ich hab mich, ehrlich gesagt, gar nicht wiedererkannt. Und diese neue Kraft und den Mut hab ich genutzt, um herauszufinden, ob es anderen genauso gehen würde.«

Einfach mal anfangen

Setz Dich hin und überlege, wie viel Geld Du monatlich zum Leben brauchst. Sprich mit anderen Freund*innen darüber – vielleicht wagt Ihr sogar im nächsten Schritt ein Experiment: Gründet eine Grundeinkommensgemeinschaft.

Drei bewegende Geschichten von Teilnehmer*innen

Da ist einmal die Geschichte von Marc, der eine chronische Krank- **1.** heit hat. Seitdem er Grundeinkommen hat und sich nicht mehr mit dem Sozialamt um seine Lebensgrundlage streiten muss, haben seine Schübe aufgehört, sodass er sogar seine Medikamente absetzen konnte.

Dann gibt es noch die Geschichte von einem Langzeitarbeitslosen, **2.** der durch das Grundeinkommen entspannt einen Job suchen konnte, obwohl er die Hoffnung schon aufgegeben hatte. Mit Grundeinkommen musste er sich nicht mehr aus dem Mangel auf alles bewerben, was er auf dem Markt fand, und konnte so eine Festanstellung finden, die ihm entspricht.

3. Christoph, der im Callcenter gearbeitet hat, hat seinen Job gekündigt und macht jetzt ein Studium zur Pädagogik. Er ist übrigens der Einzige, der seinen Job gekündigt hat.

Arbeiten im Kollektiv
Konzeptwerk Neue Ökonomie

Wer lebt es vor? **Kai Kuhnhenn** – er hat Naturwissenschaften studiert und lange im Umweltbundesamt gearbeitet, auch dort schon »nur« vier Tage die Woche. Seit über fünf Jahren arbeitet er beim Konzeptwerk Neue Ökonomie.

Wie geht's? Du hast eine Arbeit, die Dir Spaß macht und Sinn hat, willst sie aber nicht in einer großen, auf Profit ausgerichteten Firma »entrichten«? Eine Lösung dafür ist, sich in einem Kollektiv mit anderen Arbeiter*innen zusammenzutun und basisdemokratisch zu arbeiten, ganz ohne Hierarchien, Karriereleitern und unfaire Gehaltsunterschiede.

Das Konzeptwerk Neue Ökonomie ist so ein Kollektiv: Als unabhängige und gemeinnützige Organisation setzt es sich seit 2011 für eine soziale, ökologische und demokratische Wirtschaft und Gesellschaft ein. Dabei ist es basisdemokratisch organisiert, alle entscheiden gemeinsam über ihre Bezahlung und arbeiten zwischen 20 und 30 Stunden pro Woche in sogenannter voller Teilzeit. Das Konzeptwerk zeigt, dass eine solche basisdemokratische Arbeitsweise nicht nur viel angenehmer, sondern auch viel »professioneller« ist, weil es keine Reibungsverluste von Hierarchiestrukturen und vor allem keine Konflikte in diesen Hierarchien gibt.

Lass Dich inspirieren! Kai berichtet von seinem Umgang mit dem inneren systemtreuen Aufpasser: »Ich persönlich stoße immer wieder und immer noch auf meine eigenen Polizist*innen im Kopf. Die sagen dann, dass ich mir doch besser mehr Sorgen um meine Altersvorsorge machen sollte. Mir hilft es in solchen Phasen, mich in ein Umfeld zu begeben, das in vielen Dingen schon weiter oder freier ist. Als Konzeptwerk stoßen wir immer wieder an gesellschaftliche Miss-/Zustände, die wir mit unseren internen Strukturen nur bedingt auffangen können. Ein Beispiel hierfür ist, dass Menschen, die auf einmal mehr Sorgearbeit leisten müssen, z.B. weil sie sich um Kinder oder Verwandte kümmern wollen, gleichzeitig weniger lohnarbeiten können und mehr Geld brauchen, und die sozialen Sicherungssysteme hierfür ungenügend sind. Wir begegnen solchen Problemen, indem wir offen darüber reden und versuchen, Lösungen zu finden, mit denen alle Seiten gut leben können.«

Einfach mal anfangen — !

Was würdest Du am liebsten im Kollektiv machen?
Geh auf die Suche nach Gleichgesinnten, die auch gerne im Kollektiv arbeiten würden – vielleicht findest Du sie sogar an Deiner jetzigen Arbeitsstelle!

Drei Tipps für ein arbeitsfreieres Leben
von Kai

1. Vielleicht reicht es schon, sich zu fragen, ob man sinnvoll findet, was und wie man arbeitet.

2. Wenn Du Deine Arbeit nicht gerne tust, bleibt natürlich die Frage, warum Du es trotzdem machst. Die Antwort hat wahrscheinlich meist mit gesellschaftlichen Konventionen und persönlichen Ängsten zu tun, und an der Stelle muss jeder selber wissen, ob er diese Dinge über sein Leben bestimmen lassen will oder nicht.

3. Ich glaube, für viele Menschen ist es sehr schwierig, das so zu reflektieren. Daher denke ich, dass es allen guttun würde, dafür mal professionelle Hilfe aufzusuchen. Die meisten Leute gehen ja auch zu einem professionellen Friseur, um zu ihrer Frisur beraten zu werden, und die ist viel weniger wichtig als die eigene Lebensweise.

Mein Geld, Dein Geld?

Gemeinsame Ökonomie

Wer lebt es vor? **Helen Britt** und **Frieda Wolf**, die sich seit einigen Jahren mit selbstbestimmtem Leben beschäftigen und lebensfördernde Strukturen aufbauen. Eine davon ist ihre gemeinsame Alltagsökonomie, die sie seit über einem Jahr mit Freund*innen teilen.

Wie geht's? Wenn Du mit anderen Menschen gemeinsam Dein Geld teilst, ist die Wahrscheinlichkeit hoch, dass am Ende für alle genug da ist. Konkret sieht das bei Helen und Frieda so aus:

► Alles, was wir an Geld bekommen, geht auf ein gemeinsames Konto. Davon kann jede*r benutzen, wie viel er oder sie braucht, und niemand überprüft, wer wie viel gibt.

► Auf regelmäßigen Treffen tauschen wir uns darüber aus, was wir (materiell und immateriell) gerade im Leben brauchen. Dort erzählen wir auch von unseren Beobachtungen und Gefühlen, die wir mit Geld in letzter Zeit gemacht haben.

► Geld, das wir schon vor der gemeinsamen Ökonomie hatten, können wir je nach Wunsch auf einem separaten Konto behalten oder in die gemeinsame Ökonomie geben. Dadurch unterscheiden wir uns noch von einer Vermögensökonomie.

► Ausgaben, die über 150 Euro gehen, sprechen wir gemeinsam ab und fragen nach nachhaltigen Alternativen.

► Spätestens, wenn über 3.500 Euro auf dem Konto sind, gehen wir in eine Umverteilungsoffensive und lassen das Geld weiter zu Initiativen und Menschen fließen, die es im Moment brauchen.

Lass Dich inspirieren! Helen und Frieda erzählen, wie das neue Verständnis von Geld ihr Leben verändert hat: »Wenn wir eine Phase lang kein Geld ›verdienen‹, weil wir nur Projekte machen, für die wir kein Geld bekommen, haben wir trotzdem Mittel, die wir nutzen können. Geld wird zu Besitz, zu einer Sache, die immer dort ist, wo sie gebraucht wird. Dank diesem

Vertrauen können wir selbstbestimmter tätig – oder auch mal untätig – sein. Mittlerweile gibt es in unserem Leben keinen Urlaub, kein Wochenende oder keinen Feierabend mehr. Wir tun Dinge dann, wenn sie getan werden wollen und wenn die Energie dafür da ist.«

Einfach mal anfangen !

Erprobe verschiedene Umgangsweisen mit Geld:
Vielleicht besuchst Du mal ein Schenk.Geld.Experiment,
überweist monatlich 20 Euro auf ein solidarisches Urlaubskonto
mit Deinen Freund*innen oder lässt Dich eine Woche lang
zum Essen einladen und merkst dadurch, wie es sich anfühlt,
nichts Finanzielles beitragen zu können.

Drei Tipps für ein arbeitsfreieres Leben von Helen und Frieda

Frage Dich, was Geld für Dich bedeutet und was es Dir ermöglicht. Was **1.** erfordert es aber auch von Dir? Sei ganz ehrlich, erkenne Deine Einsichten an, und tausche Dich darüber aus.

Trau Dich, mehr Geld zu geben und aber auch nach Geld zu fragen, **2.** wenn Du gerade welches brauchst. Schäm Dich nicht dafür, besonders »großzügig« sein zu können, und auch nicht dafür, gerade nichts geben zu können.

Überleg mal, ob Du Wege kennst, die Dir einen direkteren Zugang zu **3.** Deinem Bedürfnis erfüllen. Etwa beim Genuss: Braucht es da einen gekauften Gegenstand, oder reicht auch eine neue Perspektive der Muße?

In einer Kommune leben und organisieren
Stadtkommune Villa Locomuna

Wer lebt es vor? Luisa Kleine, die seit Oktober 2016 in der politischen Stadtkommune Villa Locomuna wohnt, die Teil des Interkommnetzwerks Kassel ist. Sie studiert Kunst und öffnet Räume für Austausch über Adultismus oder alternative Wirtschaftssysteme.

Wie geht's? Die Netzwerkseite politischer Kommunen »Kommuja« formuliert das Ziel einer politischen Kommune folgendermaßen: »Wir wollen ein gleichberechtigtes Miteinander, Machtstrukturen lehnen wir ab. Wir wollen die gesellschaftlichen Verhältnisse ändern und uns vom herrschenden Verrechnungs- und Besitzstandsdenken lösen.«

In der Villa Locomuna besitzen alle gemeinsam Grundstücke und Gebäude, die sie gestalten können, wie sie wollen. Sie wollen Arbeit neu denken und streben ein selbstbestimmtes »Tätigsein« an. Die Grundbedürfnisse sollen unabhängig vom Einkommen befriedigt werden können. In den Kommunen existieren verschiedene Arbeitskollektive, zum Beispiel eine Tagespflege oder ein Mitgliederladen. Dort arbeiten die Mitglieder ohne Chefin und entscheiden gemeinsam über Arbeitszeiten, Urlaub und Gehälter. Sie experimentieren mit verschiedenen Wegen der Verteilung von Ressourcen und der Erfüllung von Bedürfnissen. Manches wird via Soligeld getauscht, manche tauschen ihre Arbeitsstunden. Vieles passiert aber auch schon im freien Fluss, das heißt ohne Geld oder Tausch. Dabei ist wichtig, durch die gemeinsame Nutzung von Dingen weniger Ressourcen zu verbrauchen und einen genügsameren Lebensstil zu verfolgen. Die Locomuna ist zudem Teil des Interkommnetzwerks Kassel, in dem sich zurzeit sechs Kommunen miteinander vernetzen. Jede der Kommunen ist einzigartig und hat ihre besonderen Ressourcen. Die Villa Loomuna bekommt beispielsweise das Gemüse von der Solidarischen Landwirtschaft, die gemeinsam von der Kommune gASTwerke und der Kommune Niederkaufungen betrieben wird.

Luisa erzählt davon, wie sinnvolle Tätigkeiten sie erfüllen: »Nach der Lass Dich Schule habe ich auf Reisen verschiedene Tätigkeiten ausgeübt und inspirieren! musste erst mal lernen, acht Stunden am Tag mit meinen Händen zu arbeiten. Das hat mir ziemlich viel Sinn gegeben: Ich pflücke Orangen, damit wir Orangen essen können, ich baue eine Mauer, damit Menschen in einem Haus wohnen können, ich lese einem kleinen Menschen vor, weil es ihm Geborgenheit schenkt ... Ich musste mich damals manchmal ziemlich durchbeißen, habe mich aber noch nie in meinem Leben so erfüllt gefühlt.«

Einfach mal anfangen

Falls Du in einer Wohngemeinschaft lebst, versuche einmal, dort mehr Solidarität zu üben und zu leben. Teilt eine Woche lang all Eure Lebensmittel oder sogar Kleidung, und helft einander, wenn Ihr Geld braucht, einfach aus, ohne aufzurechnen.

!

Drei Tipps für ein arbeitsfreieres Leben von Luisa

Reflektiere bei jedem Kauf, welches tiefere Bedürfnis jetzt dahintersteckt, und suche nach kreativen alternativen Strategien. **1.**

Besuche eine Kommune, zum Beispiel im Rahmen unserer Interkommune-Seminare. **2.**

Gründe mit einer kleinen Gruppe (vielleicht auch für eine begrenzte Zeit) eine gemeinsame Alltagsökonomie, macht Euch gegenseitig transparent, wofür Ihr Geld ausgebt, welche Bedürfnisse Ihr habt und welche Fähigkeiten oder Ressourcen Ihr zu geben habt. **3.**

Karriereverweigerung

Haus Bartleby

Wer lebt es vor? **Alix Faßmann**, die sich nach einer vielversprechenden Karriere gegen Selbstausbeutung und Erschöpfung entschieden hat und Mitbegründerin des Haus Bartleby – Zentrum für Karriereverweigerung in Berlin ist.

Wie geht's? Der Ausstieg aus dem Hamsterrad beginnt mit einem Nein zur Karriere und einem Ja zum Leben. Es braucht eine innere Klarheit, um den weiteren Aufstieg auf der vermeintlichen Karriereleiter zu stoppen. Nein zum nächsten Karriereschritt zu sagen ist nicht leicht, aber es lohnt sich. Für sich, die anderen und die Umwelt. Zu Beginn gilt es, sich Fragen zu stellen, das ist der Einstieg in den Ausstieg aus der Komfortzone, meint Alix. Wir können zwar die Rechnungen und den Konsum von unserem Gehalt bezahlen – aber ist es all das wert? Ist es richtig und sinnvoll, dass wir Arbeit haben, über die wir uns immer wieder beschweren, weil wir sie eigentlich nur tun, »weil es sich so gehört«?

Um aus dem Karrieredenken auszusteigen, können wir entweder radikal direkt kündigen oder beispielsweise ein Sabbatical einlegen, um ein Gefühl dafür zu bekommen, selbstbestimmter zu sein. Auf jeden Fall ist ein wichtiger Schritt, den Job wenigstens ein großes Stück weniger ernst zu nehmen. Hör auf, Dich über ihn zu definieren. Sei langsam, und sag auch mal Nein, wenn Du gefragt wirst, ob Du etwas erledigen kannst, aber eigentlich keinen Sinn darin siehst. Hinterfrage Konzepte wie Schuld, Faulheit und Arbeitsmoral. Damit das alles leichter geht, braucht es Gleichgesinnte. Und diese gibt es im Haus Bartleby, das »eine Lobby, ein Gegengewicht, eine Zentrale, ein Ort für Menschen ist, die Wege suchen, sich dem Anpassungsdruck in der Verwertungsmaschine Arbeit zu entziehen. Und nicht weiter im Beschwerdemodus zu verharren.«

Lass Dich inspirieren! Als Alix die ganzen Fragen um ihre Karriere nicht mehr aushält, kündigt sie ihren Job als Journalistin und Politikberaterin und schnappt sich ein altes Wohnmobil, um erst mal Abstand zu bekommen. Auf ihrer Suche nach dem guten und echten Leben lernt sie, dass Wachstum unglücklich, Ehrgeiz krank und Arbeit arm macht. »Schule, Ausbildung, Studium, Berufsleben – mit jedem Schritt wurde ein neuer Anker geworfen. Festgezurrt mit dicken Knoten. Bis zur totalen Bewegungsunfähigkeit. Was einen hält, ist also das, was hinter einem liegt. Das, was vor einem liegt, treibt immer nur kurzfristig an. Schwerfällig, bequem und bräsig ist man geworden. Ich plädiere für ein Leben, in dessen Mittelpunkt nicht Geld, Konsum und Karriere stehen, sondern Freundschaft, Muße und Glück. Und sicher ist das ein Kurs ins Ungewisse. Doch wer auf dem Weg nach einem Lebenslauf gefragt wird, sollte um sein Leben laufen!«

Einfach mal anfangen !

Schreib zehn Dinge auf, die Du schon immer mal machen wolltest. Eine neue Sprache lernen, ein Fünf-Gänge-Menü für Freund*innen kochen, sich ehrenamtlich engagieren, eine Fahrradtour machen ... Erstelle Dir einen Plan, wie Du diese Schritte in den kommenden drei Jahren verwirklichen kannst. Überlege, ob Du dafür Karriereschritte ausschlagen musst, und vergleiche die beiden Optionen. Was ist Dir wirklich wichtiger, was willst Du später mal Deinen Enkeln erzählen?

Drei Tipps für ein arbeitsfreieres Leben von Alix

Manchmal hilft es, den Blick komplett neu auszurichten und eine klare **1.** Entscheidung zu treffen, anstatt noch mit einem Auge Richtung Karriere zu schauen.

Sag öfter mal: »Ich möchte lieber nicht«, wenn Du etwas in der Arbeit **2.** nicht übernehmen möchtest.

Formuliere erste Ideen vom Ausstieg aus dem Karrierehamsterrad, und **3.** setze sie Schritt für Schritt um.

Produktion ohne Wachstum und im Konsens
Premium Cola

Wer lebt es vor? Uwe Lübbermann[94], zentraler Moderator im Premium-Cola-Kollektiv. Er ist zusätzlich auch als Hausverwalter aktiv und sammelt in diesem Bereich Erfahrungen.

Wie geht's? Sich vom System der Lohnarbeit loszureißen funktioniert nicht nur als Arbeitnehmer*in. Auch Unternehmer*innen können ganz vortrefflich einen Schritt in Richtung gerechteres und besseres Wirtschaften und Arbeiten machen. Premium Cola macht's vor! Das Premium-Cola-Kollektiv stellt Limonaden her und agiert dabei ohne Wachstum oder Gewinnmaximierung. Es gibt dabei mehrere Kreise: Der innere Kreis besteht aus 12 Menschen, die überwiegend von der Produktion der Cola leben. Der nächstgrößere Kreis besteht aus 20 Sprecher*innen. Der Kollektiv-Kreis danach besteht aus über 200 Menschen, wovon die eine Hälfte Unternehmer*innen und die andere Hälfte Konsument*innen sind.

Alle reden mit und entscheiden gemeinsam bei großen Punkten. Damit gibt es in beiden Richtungen Lernwege. Nach 16 Jahren Betrieb, null Verträgen mit den geschäftlichen Partner*innen gab es bisher keinen einzigen Rechtsstreit. Ihre Haltung bei allem: »Alle Menschen sind gleich würdig. Lasst uns umeinander kümmern.«

Auch beim Thema Gehalt gehen sie andere Wege, denn »eine Stunde ist eine Stunde – wir zahlen Einheitslohn. Nach oben variiert er pro Kind, je nach Grad der Behinderung oder pro Schreibtischplatz, weil wir extra kein Büro haben, damit wir ortsunabhängig bleiben«.

Außerdem laden sie die Mitarbeiter*innen dazu ein, noch weitere Standbeine zu haben, um unabhängig von nur einer Geldquelle zu sein. Das empowert und macht die Beziehungen freier: »Du kannst ehrlicher mitsprechen, wenn Du weißt, dass die eine Stelle Dir nicht verwehren kann, ob durch diese Deine Monatsmiete gezahlt werden kann. Wir überprüfen auch keine Stunden, weil es zur sinnlosen und demotivierenden Kontrolle führt.« Wenn beim Premium-Kollektiv ein neuer Job vergeben wird, kann die erste Bewerber*in sich einfach ausprobieren.

Uwe erzählt von seinem Umgang mit Schwierigkeiten: »Der Ansatz von Premium stand in keinem Buch. Es ist einfach ein Losgehen, Gucken, was dann ist. Wie beim Segelboot: Ein Kurs wird ungefähr bestimmt, aber am Ende wird doch alles anders. Ein Prozess ist kompliziert, bedarf Geduld und Zurücknehmen, aber mein Weg war ganz leicht. Kompliziert, aber leicht? Was ich hier mache, ist ja nichts Neues. Ich habe nur Wünsche und Bedürfnisse von Menschen genommen, um die wir uns nun gemeinsam kümmern. Am Ende kommen dann Geschenke dabei heraus. Wer mag es denn nicht, mit Wertschätzung und Respekt behandelt zu werden? Zwei Leute gab es seit Gründung von Premium Cola, die uns beklaut haben. Aber alle acht Jahre ein Idiot ist ein guter Schnitt.«

Lass Dich inspirieren!

> ## Einfach mal anfangen
> *Bist Du Unternehmer*in? Jetzt weißt Du, was zu tun ist!*
> *Wenn Du Arbeitnehmer*in bist oder auf Jobsuche:*
> *Schau Dich doch mal explizit nach Unternehmen um, die ähnlich*
> *wie Premium Cola agieren. Vielleicht bist Du sogar momentan*
> *in einem Unternehmen, das solchen Ideen gegenüber*
> *aufgeschlossen wäre, und kannst dort davon erzählen?*

!

Drei Tipps für ein arbeitsfreieres Leben
von Uwe

Frage all diejenigen, auf die Du Dich auswirken wirst, was sie wirklich brauchen. **1.**

Gehe Deinen Weg, der für Dich richtig ist. **2.**

Dranbleiben. Nicht nach einem Jahr aufgeben. **3.**

Ganz oder gar nicht?

Mögliche Kritik an den Alternativen

Die größte Kritik an den nun geschilderten Alternativen könnte vielleicht mit Adorno gesprochen werden: »Es gibt kein richtiges Leben im falschen.«[95] Solange wir also im System der Arbeit bleiben, etwa mit Teilzeitarbeit, erreichen wir gar nichts? Adorno meint keinesfalls, dass es völlig egal sei, wie wir unser Leben gestalten sollten, selbst wenn wir eben noch »im falschen Leben« stecken. Sein Ausspruch ist kein Plädoyer fürs Nichtstun und Resignieren. Die Frage ist vielmehr, ob es nicht möglich sein könnte, Alternativen des richtigen Lebens zu erproben und zu initiieren. Das passiert in diesen verschiedenen Ansätzen ganz deutlich. Adorno schreibt dazu, dass wir leben sollten, »wie man dem eigenen Erfahrungsbereich nach sich vorstellen könnte, dass das Leben von befreiten, friedlichen und miteinander solidarischen Menschen beschaffen sein müsste«.[96] Natürlich weiß er dabei um die Bedeutung einer gesamtgesellschaftlichen Bewegung: »Keine Emanzipation ohne die der Gesellschaft.«

Die Historikerin und Sozialwissenschaftlerin Gisela Notz schreibt dazu: »Damit schließt er nicht aus, dass Fenster in eine andere Welt innerhalb des kapitalistischen Systems im Hier und Jetzt geöffnet werden können.«[97]

So ein Fenster als Utopie zu öffnen erscheint aus unserer heutigen Perspektive kaum möglich. Und doch lohnt es sich, den Horizont ein wenig zu erweitern und erste Gedanken zu wagen. Der Philosoph Ernst Bloch prägte den Ausdruck »konkrete Utopie«. Dabei ging es ihm darum, sich nicht in blauäugigen Schwärmereien zu verlieren. Sein Ziel war, mit einem »überlegten Utopismus« das »Real-Mögliche« vorauszunehmen.[98] »Die Welt ist was Gemachtes«, singt die Kleingeldprinzessin in ihrem Lied »Utopie«. Wir können sie selbst (mit-)formen. Die starr vorgegebenen Denkmuster von »Arbeit«, »Eigentum« und »Geld- und Tauschlogik« können wir Schritt für Schritt durchbrechen, sie neu denken und anders leben. Klar existiert das große Spielfeld des Kapitalismus weiter, doch wir können versuchen, so gut wie möglich anders zu spielen – Spielregeln zu brechen, neu aufzustellen und vermehrt zu kooperieren, statt gegeneinander zu zocken.

Auch wenn wir nicht alles direkt als emanzipatorisch und unmittelbar revolutionär benennen und erkennen können, gibt es zahlreiche Feedbackeffekte, die wir heute noch nicht absehen können. Das bedeutet, dass beispielsweise eine Reduzierung der »Arbeit« von 40 auf 20 Stunden für einen Großteil der Gesellschaft zunächst nicht komplett radikal wirken mag. Die frei werdende Zeit soll aber eben nicht für noch mehr Fernsehen genutzt werden, sondern dafür, dass wir unser Leben und die Welt wieder selbst in die Hand nehmen. Diese eine Veränderung schafft Freiräume für andere Tätigkeitsformen wie Subsistenz. Das wiederum ermöglicht den Weg in eine Gesellschaft jenseits der Arbeit – Schritt für Schritt radikaler!

AUSBLICK

Eine Utopie jenseits der Arbeit

Stell Dir vor, es ist Montag. Du blickst auf die Uhr und siehst, es ist schon 08:03 Uhr. Du bist total verwundert und ein bisschen geschockt, weil der Wecker nicht geklingelt hat, um Dich zum Start in die Arbeitswoche zu wecken. Du ziehst Dich hektisch an, rennst panisch aus der Tür und willst zu Deinem Auto. Und dann bemerkst Du mit einem Lächeln auf den Lippen: Diese Zeiten sind vorbei. Wir leben heute anders. Hierher war es ein langer und harter Prozess. Wie war das für Dich? Kannst Du Dich erinnern? Wir sind arbeiten gegangen, weil wir das mussten. Weil wir damit zeigten, dass wir gute Bürger*innen sind. Wir mussten das tun, um Geld zu bekommen, damit wir Essen kaufen konnten, um satt zu werden. Wie umständlich – denkst Du Dir heute. Und ja, das war es auch. Es war ganz schön absurd. Wir gingen Berufen nach, für die wir uns heute schämen. Wir können eigentlich gar nicht mehr ganz verstehen, warum wir das machten.

Heute haben wir alle Möglichkeiten, in der Welt wirklich zu schauen, was zu uns passt und was wir gerne in die Gesellschaft einbringen wollen. Kein Mensch kommt mehr auf die Idee, in irgendwelchen Fabriken Wecker für andere zu fabrizieren, die nach drei Tagen kaputtgehen. Kein Mensch hat mehr die Möglichkeit, andere auszubeuten. Erinnerst Du Dich noch an damals? Die Befreiung von der Herrschaft der Arbeit war ein revolutionärer Moment. Es war ein Tag der Freiheit, der Tag, an dem wir die Arbeit verlernten. Wir feiern ihn heute und sagen: »Happy After Work Day«. Den Tag, an dem wir die Arbeit überwunden haben.

So weit ist diese Welt gar nicht mehr entfernt. 2017 war ich ins Geldmuseum der Bundesbank in Frankfurt am Main eingeladen. Eine der dort leitenden Personen sagte zu mir, sie könne sich vieles vorstellen, aber ihre Erfahrungen in ihrer damaligen Wohngemeinschaft zeigten nun mal, dass es ohne Hierarchien und klare Aufgabenverteilung immer zu Streit komme. Das glaube ich gerne. Wir sind im Kapitalismus sozialisiert, und wenn wir einem 40-Stunden-Job nachgehen, sind wir zu kraftlos, um uns in die entscheidenden Aufgaben innerhalb der kleinen Gemeinschaft einzubringen. Wenn wir aber aus Freiheit tätig werden anstatt arbeiten zu müssen, könnten wir uns in Anlehnung an Karl Marx in so einer Gesellschaft vorstellen, dass ich heute dieses und morgen jenes tue, morgens Brot backe, nachmittags Tomaten ernte, abends pflegerisch tätig werde und nach dem Essen einen Aufsatz über ein Theaterstück schreibe – wie ich gerade Lust habe, ohne je Bäckerin, Gärtner, Pfleger oder Theaterkritiker*in zu werden. Das wäre doch fantastisch. Jede*r nach seinen Bedürfnissen, jede*r nach ihren Fähigkeiten. Diese Forderung ist für mich der entscheidende Unterschied zwischen Gleichheit und Gerechtigkeit: Es geht nicht darum, dass alle das Gleiche bekommen, sondern darum, dass alle nach ihren Bedürfnissen Zugang zu dem haben, was sie brauchen. So können die einen zufrieden und glücklich mit ihrem kleinen Kollektivschlafzimmer sein, das sie sich mit anderen Menschen teilen, und wieder andere brauchen einfach mehr eigenen Raum und Rückzugsmöglichkeiten. Ich bin überzeugt davon, dass wir das organisieren können, ohne die Grenzen der ökologischen Kapazität zu überschreiten. Denn wenn wir uns erst mal rund um Zugang und nicht um Eigentum strukturieren, kann Sharing zum Luxus für alle führen.

Vielleicht schaffen wir es ja jetzt. Viele mögen das als Science-Fiction abtun – aber hat dieses Genre nicht schon oft eine unvorstellbare Visionskraft entwickelt? Wenn es nach »Star Trek« geht und wir der Figur Captain Picard Glauben schenken, dauert es nicht mehr lange, bevor wir ein anderes Verhältnis zum (Un-)Tätigsein entwickeln: »Der Erwerb von Reichtum ist nicht mehr die treibende Kraft in unserem Leben. Wir arbeiten, um uns selbst zu verbessern – und den Rest der Menschheit.« (»Star Treck VIII: Der erste Kontakt«, 1996)

Ähnlich beschreibt es Friederike Habermann für heute bei ihren Beobachtungen von den Räumen anderer Selbstverständlichkeit: »Die Motivation zur Arbeit ist nicht [mehr] vermittelt über die Vorstellung,

>irgendwas zu jobben, um Geld zu verdienen, damit ich mit dem Geld Bedürfnisse befriedigen kann<, sondern direkt durch das individuelle Bedürfnis, etwas Sinnvolles zu tun, beizutragen zur Herstellung von Produkten, und diese zu nutzen.« Ihre Hoffnung dabei ist, dass die in solchen »Halbinseln gegen den Strom« entstehende neue, tauschlogikfreie Logik ihre Wirkung in der Welt entfaltet. Meine theoretischen Überlegungen und praktischen Konsequenzen eines Transformationspfades von Eigentum, Geld und Arbeit sowie der herrschaftlichen Beziehungen zwischen dem Ganzen hin zu einer herrschaftsfreien Welt decken sich stark mit und sind besonders inspiriert von einem Konzept von Friederike Habermann. Sie nennt es »Ecommony«[99] – ein Wortspiel aus Economy und Commons. Darin beschreibt sie zwei grundlegende Prinzipien:

1.) Beitragen statt tauschen

2.) Besitz statt Eigentum

Bis die gesamte Gesellschaft sich nach tauschlogikfreien Prinzipien organisiert, ist es natürlich noch ein längerer Prozess. Das werden wir nicht von heute auf morgen gestalten und verwirklichen. In dem von mir mitinitiierten Netzwerk »living utopia« sprechen wir dabei von gelebter Utopie. Utopie verstehen wir hier frei nach dem Regisseur und Dichter Fernando Birri, der einmal sagte:

»Die Utopie, sie steht am Horizont.
Ich bewege mich zwei Schritte auf sie zu,
und sie entfernt sich um zwei Schritte.
Ich mache weitere zehn Schritte,
und sie entfernt sich um zehn Schritte.
Wofür ist sie also da, die Utopie?
Dafür ist sie da:
um zu gehen!«

Dieser Prozess kann aus meiner Perspektive in drei verschiedenen Wegen zum Wandel gestaltet werden, die allerdings nicht priorisiert sind und werden können:

a) Widerstand leisten
b) Austausch anregen
c) Utopien leben

Widerstand leisten, um Sand ins Getriebe des Kapitalismus und aller **a)** anderen Herrschaftsformen zu bringen. Es reicht manchmal nicht, nur »Nein« zu sagen, sondern es braucht unseren Körper, um dieses Nein zu manifestieren. Natürlich ist Widerstand viel mehr, als sich an Kohlekraftwerke zu ketten. Widerständig ist es auch, wenn ich mich verweigere. Wenn ich nicht mitmache. Wenn ich boykottiere, was ich für nicht zukunftsfähig halte. Es ist eine unglaublich wirksame, subversive Kraft der Widerständigkeit, sich dem »normalen« Alltag zu entziehen. Einfach nicht mitzumachen.

Wenn Du die Regeln des Spiels nicht verstehst oder nicht gut findest, spiel nicht mit. Jeden Tag nervt uns der Stau auf dem Weg zur Arbeit. Aber der Stau sind wir selber. Ihn aufzulösen gilt es, und das geht nur, indem wir unsere Anstellung im Kapitalismus kündigen. Schritt für Schritt. Dazu braucht es sicherlich eine Portion Protest. Protest aber nicht nur verstanden als das Bild von 150.000 Menschen, die in Berlin bei einer »Wir haben es immer noch und wieder und wieder satt«-Demo vorgefertigte Werbeschilder von NGOs herumtragen, dann eine Unterschriftenliste an die Politik übergeben, daraufhin ein gutes Gewissen haben und ihre Jahresportion an Protest aufgebraucht ist. Nach einem selbstzufriedenen Wochenend-Protestausflug geht es am Montag wieder zur Arbeit. Aktionen können für die ersten Schritte in Richtung Politisierung helfen, aber dabei dürfen wir nicht stehen bleiben. Heute ist der Job eher zur Existenzsicherung da und nicht zur Gestaltung der Gesellschaft. Er reproduziert schlicht kapitalistische Verhältnisse: Darüber hinaus ist Zeit kaum vorhanden. Additiv ein bisschen Ehrenamt, das ist möglich. Dieses fällt allerdings als Erstes der Lohnarbeitslogik zum Opfer, wenn Du zu beschäftigt bist und in Deiner

Freizeit die Batterien wieder aufladen musst. Sich der Lohnarbeit aber Stück für Stück zu entsagen und andere Strukturen aufzubauen ist wunderbar widerständig.

b) **Austausch anregen**, um Diskurse zu bilden. Es braucht nicht nur ein »Ich bin dagegen«, sondern vor allem auch ein »Ich bin für ... «. Es geht dabei um die Veränderung des gesellschaftlichen Bewusstseins. Das Undenkbare denkbarer werden zu lassen. Den Möglichkeitshorizont zu erweitern und die alten mentalen Infrastrukturen zu sprengen, um neue Knotenpunkte anzulegen. Die neuronalen Verknüpfungen in unserem Gehirn lassen kaum zu, andere Ideen zu imaginieren. So wie die vorhandenen Infrastrukturen mir auch beinahe nur einen einzigen (sinnvollen) Weg mit dem Auto über die Autobahn von A nach B ermöglichen und gar nicht die Voraussetzungen dafür schaffen, mit dem Fahrrad oder zu Fuß dort hinzukommen, weil diese Wege viel schlechter ausgebaut sind. Das wird ein langer und sicher auch teilweise anstrengender Weg, aber er lohnt sich zu gehen, denn er ist notwendig. Denn: Nur weil etwas undenkbar ist, heißt es nicht, dass es unmöglich ist.

c) **Utopien leben**: Theorie ist schön und gut, aber sie reicht natürlich nicht – es braucht Menschen, die das angestrebte Leben bereits im Hier und Jetzt ausprobieren, um die Zukunft präfigurativ vorwegzunehmen und jetzt schon erfahrbar werden zu lassen. Dabei dürfen wir neue Selbstverständlichkeiten leben, sie damit erproben und erfahrbar machen. Vor allem merken wir dann in der Praxis, was vielleicht doch noch nicht so leicht und einfach ist, wie die Theorie es uns versprochen hatte. Hinter diesen Horizonten geht es weiter.

Du bist eingeladen: Spür in Dich selbst hinein, welchen Weg Du gehen möchtest, um Wandel für eine sozialökologische Transformation mitzugestalten – hin zu einer Post-Work-Gesellschaft. Vielleicht ist es auch eine Kombination aus allem mit unterschiedlichen Prioritäten. Probier Dich aus. Du hast Talent. Du hast viele Talente. Du hast 24 Stunden am Tag, Du bist Teil des Wandels.

Egal, wie es sein mag – fang heute damit an! Denn: Alles muss sich ändern!

EXTRAS

Eine kurze Geschichte des Arbeitsfetisches

Zum Schluss sei ein kleiner Rundblick in die Vergangenheit erlaubt. Wo kommt der Begriff »Arbeit« überhaupt her, und seit wann »arbeiten« die Menschen? Arbeit war nicht immer so belegt wie heute: »Wir denken immer, das Arbeit unser Leben definiert. Den Großteil unserer Existenz waren wir aber Jäger und Sammler und arbeiteten durchschnittlich drei Stunden am Tag«, darauf weist der Zukunftsforscher Jeremy Rifkin in dem Film »Frohes Schaffen« hin. Eigentlich kannten unsere Vorfahren das Konstrukt Arbeit gar nicht, sondern taten einfach das, was notwendig war, um zu überleben. Sie hat sicherlich kein übertriebener Arbeitseifer sich selbst oder gegenüber anderen dazu genötigt, eine bestimmte Anzahl an Stunden tätig zu sein.

Wenn wir im Internet danach suchen, wie das Geld entstanden ist und wir das lästige Tauschen überwunden haben, kommen wir auf den meisten Seiten zu einer zunächst einleuchtenden Erklärung. Dort heißt es, früher hätten Menschen in Gemeinschaften alles miteinander getauscht. Äpfel gegen Brot, Brot gegen Karotten, Karotten gegen ein Messer, ein Messer gegen ein Tuch und immer so weiter. Was aber, wenn die Person mit Äpfeln zwar Brot wollte, aber die Person mit Brot gar keine Äpfel? Dann kam der Tausch nicht zustande, und es wurde unglaublich umständlich. In den Wirtschaftswissenschaften wird dieses Problem, dass nicht immer beide Wünsche zusammenpassen, als das der doppelten Koinzidenz beschrieben. Glücklicherweise, so wird uns erzählt, haben die Menschen dann Geld erfunden, um dieses Problem zu lösen. Das ist der Mythos, den uns vorwiegend Ökonom*innen weismachen möchten. Fragen wir hingegen Anthropolog*innen wie Caroline Humphrey, wirft diese ein anderes Licht auf das Narrativ des zum Scheitern verurteilten Tauschens in der doppelten Koinzidenz: »[…] nach allen verfügbaren ethnografischen Daten hat es das nicht gegeben«.[100] Festzustellen ist, dass wir eigentlich immer – auf verschiedene Weisen – in Gemeinschaften geteilt haben und nicht in der Logik von Leistung und Gegenleistung interagierten. Die Einführung von Geld hatte den Ursprung in dem Konstrukt von Schulden sowie dem Militär. Friederike Habermann gibt noch einen wichtigen Hinweis zur Geschichte des Tausches: »Beispiele für Tausch finden sich dagegen ausschließlich bei Begegnungen zwischen Fremden, die sich höchstwahrscheinlich nie wiedersehen werden und zwischen denen es ganz sicher keine regelmäßigen Kontakte geben wird. Kein Wunder also, dass in den 100 bis 200 Jahren vor Adam Smith die Wörter für Tauschen zum Beispiel im Englischen, Französischen oder Deutschen wörtlich ›beschwindeln‹, ›hereinlegen‹ und ›übers Ohr hauen‹ bedeuteten.«[101]

In der Antike war Arbeit etwas Lästiges und den »Niederen« überlassen. Eine unglaubliche Kehrtwende stellte sich ab dem 16. Jahrhundert ein, denn der Arbeitsfetisch, wie wir ihn heute kennen und täglich erleben, kam vor allem durch den Siegeszug des Protestantismus in unsere Köpfe und Herzen. Woher kommt der Begriff? Schauen wir in die Etymologie, also die Wissenschaft der Wortherkunft. Im Indoeuropäischen beispielsweise ist von »orbh«: »ein zu schwerer körperlicher Tätigkeit verdungenes Kind« oder im Slawischen von »robota«: »Knechtschaft«, »Sklaverei« die Rede. Schauen wir ins Alt- und Mittelhochdeutsche, überwiegt die Wortbedeutung »Mühsal«, »Strapaze«, »Not« für das Wort »arabeit, arebeit«. Die französischen und spanischen Worte für Arbeit (»travail« und »trabajo«) leiten sich von einem frühmittelalterlichen Folterinstrument ab, dem Trepalium. Kein Wunder also, dass Arbeit eher negativ konnotiert ist und mit Aussagen wie »Ich muss zur Arbeit« verknüpft wird.

Ein kleiner Blick in ein paar besondere Daten zeigt für Zentraleuropa blitzlichthaft einen unfassbaren Prozess.

2017 haben wir 500 Jahre Martin Luther und die Reformation gefeiert. **1517** Damit feiern wir auch Sätze wie: »Müßiggang ist Sünde wider Gottes Gebot, der hier Arbeit befohlen hat.« Der Arbeitsfetisch ist tief in der protestantischen Ethik verwurzelt. Eine US-Studie ergab, dass in protestantischen Ländern noch immer mehr Menschen einer Lohnarbeit nachgehen als in katholischen, islamischen oder hinduistischen. Papst Gregor IX. erließ 1232, dass es ab sofort 85 arbeitsfreie Feiertage geben solle, um sich Gott zuzuwenden. 1517 – als Martin Luther die 95 Thesen an die Schlosskirche in Wittenberg hämmerte – ging es stark abwärts mit den arbeitsfreien Feiertagen. Luther forderte dort, »dass man alle Feste abtäte und allein den Sonntag behalte, denn so wie nun der Missbrauch mit Saufen, Spielen, Müßiggang und allerlei Sünde im Gange ist, erzürnen wir Gott mehr an den heiligen Tagen denn an den anderen«. Zusätzlich – entgegen mittelalterlicher Tradition und dem biblischen Gebot – verkündete er, dass »heilige Tage nicht heilig, Werkeltage aber heilig sind«. Damit reduzierten sich im Zuge der Reformation die Feiertage von ehemals 156 auf zwei: Weihnachten und Ostern.

Bis dahin war das Betteln in Europa noch ein legitimer Lebensstil, **1547** um sich über Wasser zu halten. 1547 änderte sich dies schlagartig mit einem Erlass des ersten protestantischen Königs in England namens Edward VI.: »Wenn jemand zu arbeiten sich weigert, soll er als Sklave der Person zugeurteilt werden, die ihn als Müßiggänger denunziert hat. Er hat das Recht, ihn zu jeder auch noch so ekligen Arbeit durch Auspeitschung und Ankettung zu treiben. Wenn sich der Sklave für 14 Tage entfernt, ist er zur Sklaverei auf Lebenszeit verurteilt und soll auf Stirn oder Backen mit dem Buchstaben S gebrandmarkt, wenn er zum dritten Mal fortläuft, als Staatsverräter hingerichtet werden. Der Meister kann ihn verkaufen, vermachen, als Sklaven ausdingen, ganz wie andres bewegliches Gut und Vieh.«

Und so ging es dann auch weiter. Die ersten Arbeitshäuser wurden 1589 **1589** in Amsterdam eröffnet, um die »Abneigung gegen die Arbeit zu kurieren«. Die angeblichen Heilmethoden sind kaum vorstellbar. Die als arbeitsunwillig gebrandmarkten Menschen wurden in einen Kerker gesperrt. Dieser wurde nach und nach mit Wasser gefüllt. Sie mussten ständig pumpen, um nicht zu ertrinken. Die angeblich Arbeitsscheuen sollten dabei lernen, dass ununterbrochenes Arbeiten überlebensnotwendig sei. In ganz Europa war ein rasanter Anstieg solch grausamer Zuchthäuser zu verzeichnen.

1789 In Frankreich erging infolge der Französischen Revolution 1789 ein »Gesetz zur Beseitigung des Bettelwesens« und damit einher die Einführung neuer Arbeitszuchthäuser. Im Jahr 1861 sagte der Journalist Wilhelm Heinrich Riehl in seinem Buch »Die deutsche Arbeit«: »Er soll zur sittlichen Arbeit als einer freien persönlichen Tat erzogen werden durch Zwangsarbeit.«

1969 Erst 1969 wurden diese Gefängnisse, in denen Menschen bis zur Erschöpfung hart arbeiten mussten, in Deutschland abgeschafft. Und erst 1974 wurde aus dem Sozialhilfegesetz gestrichen, dass angeblich arbeitsunwillige Menschen in geschlossenen Anstalten unterzubringen seien.

Aber warum verschwanden diese Einrichtungen? Gab und gibt es keinen Arbeitsfetisch mehr? Doch leider sehr wohl und dabei noch perfider verankert als zuvor. Denn das Arbeitshaus verschwand im Äußeren und verlagerte sich ins Innere, wie Theologe und Soziologe Reimer Gronemeyer Überlegungen des Historikers und Philosophen Michel Foucault treffend auf den Punkt bringt: »Langsam, aber sicher wanderten die Tugenden der Arbeitsgesellschaft in die Menschen ein; bis sie schließlich von selbst tun, was sie sollen. Sie müssen dann nicht mehr zu Ordnung, Pünktlichkeit und Gehorsam erzogen werden, sondern sie betrachten die Arbeit als das Sinn-Zentrum ihres Lebens und verachten alles, was nicht den Imperativen der zur Gottheit gewordenen Arbeitsidee gehorcht.«

2018 Heute erhält jene Person, die die Bundesarbeitsagentur leitet, das 58-Fache vom Hartz-IV-Gehalt. Und leitet damit die Institution, die es ermöglicht, dass das Existenzminimum durch Sanktionen noch kürzbar ist. Obwohl doch ein Minimum eigentlich das Mindeste ist, was einer

Person zustehen sollte, bringen es die Jobcenter immer wieder fertig, dass über diese Sanktionen Menschen ihrer Existenz beraubt werden, um sie gefügig zu machen. 34.000 Hartz-IV-Empfänger*innen wurde sogar im Jahr 2017 das Geld vollständig gestrichen. Das löst Existenznot und -angst aus.

Insgesamt ist die Geschichte der Arbeitskritik im Grunde ebenso lang wie ihr Phänomen selbst.[102] Doch Geschichte wird gemacht. Ich gebe Karl Marx recht, wenn er sagt: »Die Philosophen haben die Welt nur verschieden interpretiert, es kommt darauf an, sie zu verändern.«[103]

Fragen und Einwände, die mir auf meinem Weg häufig begegnen

Lebst Du nicht auf Kosten anderer?

Stephan Lessenich räumt mit dem Mythos auf, dass »>unser Wohlstand< aus unserer eigenen, deutschen Hände harter Arbeit resultiere, aus wirtschaftlicher Produktivität, der unternehmerischen Innovationskraft und dem ordnungspolitischen Gestaltungssinn der >sozialen Marktwirtschaft<«. Und schreibt dazu ganz klar: »>Unser< Wohlstand, >unsere< Demokratie, >unser< Frieden beruhen auf Armut, Entrechtung und Gewalt – hierzulande, vor allem aber andernorts. Und dass es diesen funktionalen Zusammenhang gibt, lässt sich zunehmend schlechter verfehlen.« Weiter schreibt er dazu: »Das peinliche Geheimnis der Gesellschaften spätkapitalistischen Typs lautet vielmehr, dass in ihnen über die Verhältnisse anderer gelebt wird.«[104]

Wir leben nicht nur auf Kosten anderer. Wir arbeiten auf Kosten anderer. Wir produzieren auf Kosten anderer. Albert Camus konnte damals festhalten, dass die Unschuld auf der Anklagebank sitzt und sich vorwerfen lassen muss, nicht genug gemordet zu haben.[105] Heute könnten wir sagen: Da sitzt die Unschuld auf der Anklagebank und muss sich vorwerfen lassen, nicht genug gearbeitet zu haben.

Was ist, wenn das alle so machen würden?

Na ja, wenn alle Menschen Bücher schreiben, Vorträge geben, Aktionen machen und ab und zu ein Brot backen würden, wäre die Gesellschaft nicht überlebensfähig. Das stimmt. Das ist aber kein Alleinstellungsmerkmal, das nur für mich gilt. Egal, was Du machst, es wird höchstwahrscheinlich, übertragen auf alle Menschen, nicht sinnvoll sein. Im Allgemeinen ist jedoch eine Karriereverweigerung sicherlich sinnvoll. Sich dem System zu entziehen und sich zu fragen: Was brauche ich und die Welt gerade wirklich? Was kann ich dazu beitragen, ganz individuell? Das wird definitiv einen fantastischen Impact auf die Gesellschaft haben.

Aber dann würde es doch zumindest eine Randgruppe geben, die sich ausruht und nichts tut, oder?

Ich bin davon überzeugt, dass wir als soziale Gemeinwesen gemeinsam aktiv sein und unseren Alltag gestalten möchten. Wenn im Rahmen der Debatte um das bedingungslose Grundeinkommen immer wieder die Prognose aufkommt, dass es einfach zu viele faule Leute gibt, lohnt sich ein Blick in die Studien: 82 Prozent wären nach Umfragen auch mit einem Grundeinkommen noch tätig.[106] Mein Tipp an dieser Stelle: Lasst uns wieder mehr miteinander reden über unsere Bedürfnisse, unsere Träume und unsere Sehnsüchte. Wir dürften erkennen, dass wir damit nicht alleine sind, und dadurch empowert werden.

Ach ja ... Und es wird diese Randgruppe sicherlich geben. Heute gibt es übrigens auch schon so eine Randgruppe. Sie nennen sich Privatiers oder Rentiers. Darunter werden Menschen verstanden, die finanziell so gut gestellt sind, dass sie – durch die Vermietung von Immobilien, Verpachtung von Land oder regelmäßige Zahlungen aus Anleihen oder Aktien durch angelegtes Kapital – zur Deckung ihrer Grundbedürfnisse nicht mehr einer Arbeit nachgehen müssen. Und diese Menschen verdienen eben nicht (wie bei einem Grundeinkommen) genauso viel wie alle anderen, sondern haben viel mehr Geld zur Verfügung.

Kannst Du nachvollziehen, wenn Menschen sagen: »Gott, wie naiv?«

Ich finde es eher naiv, daran festzuhalten, dass wir auf einem begrenzten Planeten unbegrenztes Wachstum und damit Produktivität erzeugen können und immer wieder Arbeitsplätze sichern möchten. Naiv ist, wer glaubt, unsere Gesellschaft könnte noch jahrzehntelang einfach so weitermachen; und unverantwortlich ist, wer nicht versucht, diese Veränderung proaktiv mitzugestalten.

Aber uns geht's doch gut, und insgesamt klappt doch alles!

Wer ist dieses »uns«? Unterschreibt das die Leiharbeiterin, die unter Mindestlohn bezahlt wird, oder die Näherin in Bangladesch auch? Und was bedeutet »alles«? Klappt das mit dem Umweltschutz und dem Stoppen des Klimawandels wirklich so prima?

Du hast leicht reden, Du bist auch privilegiert!

Unbedingt! Es ist mir wichtig zu betonen, dass privilegiert zu sein kein Grund sein darf, in diesem destruktiven System weiter mitzumachen. Aus der privilegierten Lage erwächst vielmehr die Verantwortung, entsprechend zu handeln. Der arbeitskritische Akademiker David Fraynes untersucht in seinem Buch »The Refusal of Work« übrigens die Lebensweise von ganz normalen Menschen, die bewusst aufgehört haben zu arbeiten, obwohl sie teils überhaupt nicht reich oder besonders gut situiert waren.

Aber wir haben schon immer gearbeitet!

Wir waren immer in irgendeiner Form tätig. Eine Entsprechung des heutigen Arbeitsfetisches gab es aber vor dem 16. Jahrhundert in der Geschichte der Menschheit nicht, und erst recht ist es historisch ein absolutes Novum, komplette Gesellschaften rund um Arbeit zu organisieren!

Aber das habe ich doch selbst verdient und darf es mir leisten!

Nein! Auf diesen Zynismus wird unter anderem im Kapitel »Leistung« eingegangen. Nebenbei erwähnt, sind die Regelungen, wer was verdient hat, doch ziemlich willkürlich. Denn mal ehrlich: Wer will schon festlegen, dass die Arbeit einer Investmentbankerin verdienstvoller ist als die eines Krankenpflegers?

Aber dann sind doch
alle Arbeitsplätze in Gefahr!

Unbedingt, und das ist auch gut so. Wie viel Lebenszeit raubt sich die Menschheit täglich, um meist sinnentleerter und zerstörerischer Arbeit nachzugehen? Welche Arbeit ist gesellschaftlich wirklich notwendig und gebraucht und daher in anderer Organisationsform zu bewahren und zu teilen, und welche Art Arbeit ist sinnlos und destruktiv und entsprechend geordnet abzuwickeln? An Arbeit müssen endlich moralische Maßstäbe angelegt werden, sodass die Sicherung von Arbeitsplätzen in Werbeagenturen nicht mehr gleich wichtig erscheint wie die Sicherung der Altenpflege. Zugegeben müssen wir an dieser Stelle aber unbedingt sensibel sein, denn Arbeit ist schließlich viel zu sehr mit persönlicher Identität verschmolzen.

Du bist doch nur faul!

Es ist wichtig, dass wir endlich (wieder) dahin kommen, in Faulheit keine moralisch verwerfliche Zeitverschwendung zu sehen, für die mensch sich schämen sollte, sondern: a) einen sinnvollen, vielleicht sogar den mit Abstand allersinnvollsten Beitrag zu Umwelt- und Klimaschutz und b) eine Haltung, die einen aufgeräumten, in sich ruhenden Geist auszeichnet, nämlich im Hier und Jetzt zu sein, sich dabei genug zu sein und nicht immer irgendein Äußeres mehr zu wollen. Muße galt viele Jahrhunderte lang als höchstes Ideal eines gelungenen Menschenlebens. Also: Faulheit fordern ist gleichbedeutend mit der Forderung nach einer Kulturrevolution und nebenbei auch als politisches Mittel höchst interessant. Unser Industriesystem hört in dem Moment auf zu existieren, in dem wir alle kollektiv faul sind. Und zurück zur Moral: Von mir aus lieben manche Menschen die Arbeit und machen sie gern um ihrer selbst willen, aber es ist eine Frechheit und eine Anmaßung, diese merkwürdige Moralvorstellung einer angeblich liberalen freiheitlichen Gesellschaft einfach ungefragt anderen aufzuzwingen![107]

Das klingt super gut,
aber wird niemals klappen!

Sag niemals nie! Der Microsoft-Gründer Bill Gates konnte 1995 noch sagen: »Das Internet ist nur ein Hype.« Dieser »Hype« bestimmt schon 20 Jahre später komplett unseren Alltag – eine unglaubliche Fehleinschätzung einer Person, die sich doch eigentlich hätte auskennen müssen! Machen wir es noch deutlicher und schauen weiter zurück: Den Mauerfall 1989 hat nun wirklich kein einziger Mensch kommen sehen, und plötzlich ist es einfach so passiert. Hier wird deutlich, dass erst etwas passiert, wenn sich Menschen engagieren und nicht weiter an einem »Ach, das klappt doch eh nicht« festhalten.

Aber wer arbeitet, trägt etwas zum Gemeinwohl bei,
schließlich zahlt er dann Steuern.

Das stimmt pauschal definitiv nicht! Siehe dazu unter anderem das Kapitel »Umwelt«. Wer für ökologisch oder sozial fragwürdige Unternehmen arbeitet, trägt damit definitiv zur Aufrechterhaltung eines kriminellen Systems bei.

Aber ich habe doch immer hart gearbeitet!

Das glaub ich auch. Aber deswegen sollte es nicht weitergeführt werden, und außerdem sollten wir nicht andere daran hindern, anders zu leben. Nicht nach links und rechts boxen, sondern solidarisch sein. Und dabei die Ketten der Arbeit sprengen. Anstatt ein Leben in Sklaverei im Dienste des Götzen Arbeit zu führen, lieber die Freiheit leben!

Dieses kapitalistische Arbeitssystem
ist aber supereffizient!

Alles, was wir im Namen der Arbeit tun, muss angeblich effizient sein. Doch bei genauerer Betrachtung merken wir, dass das nicht stimmt. Es ist ein Märchen. Um nur einen Punkt zu nennen: Wir müssen performen mit dem, was auf dem Markt gerade vermeintlich gesucht wird, und nicht, was wir wirklich beitragen können. Oder auf der anderen Seite schaffen es Menschen nicht, mit ihrem Talent genug zu performen – und sei es, weil sie zu achtsam sind, um sich gegen andere durchzusetzen. Sie werden zu Verlierer*innen des Systems und dürfen allenfalls irgendeiner entfremdeten Arbeit nachgehen, wo sie ihre Berufung und Träume begraben müssen. Damit verschwenden wir die Potenziale und lassen Energie sowie Motivation einfach so verpuffen. Eine engagierte Köch*in könnte vielleicht eine wunderbare Ärzt*in sein und umgekehrt.

Zum
Weiterlesen, Hören, Sehen

»Der Verkauf der Ware Arbeitskraft wird im 21. Jahrhundert genauso aussichtsreich sein wie im 20. Jahrhundert der Verkauf von Postkutschen. Wer aber in dieser Gesellschaft seine Arbeitskraft nicht verkaufen kann, gilt als ›überflüssig‹ und wird auf der sozialen Müllhalde entsorgt.«

Krisis (1999): Manifest gegen die Arbeit, Nürnberg.

»Vollbeschäftigung ist die Tarnung des Kapitalismus. Vollbeschäftigung heißt, keine Macht- und vor allem keine Sinnfragen mehr zu stellen, sondern sich für Tariflöhne den Mund fusselig zu trillern und sich über 8,50 Mindestlohn zu freuen und zu denken: Immerhin verdiene ich mein eigenes Geld!«

Meera Zaremba auf dem taz.lab 2018; siehe unter: https://www.youtube.com/watch?v=kkLHlF30HV0&feature=youtu.be (3. Juli 2018).

»Die Moral der Arbeit ist eine Sklavenmoral, und in der neuzeitlichen Welt bedarf es keiner Sklaverei mehr.«

Bertrand Russell: Lob des Müßiggangs. Zitiert nach: Wolfgang Schneider (2004): Die Enzyklopädie der Faulheit. Frankfurt/Main.

»Das heißt, was im Moment Realpolitik ist, ist Illusionspolitik, und was Utopismus ist, ist Realismus – denn utopisches Handeln beziehungsweise eine utopische Handlungsmaxime sind insofern ja realistisch, als sie davon ausgehen, so wie jetzt können wir einfach nicht weitermachen, und es muss einen ganz fundamentalen Wandel geben, und zwar keinen Wandel […] im Kontext bestehender Praktiken, sondern was wir brauchen ist eine Veränderung des Rahmens selber, der Praktiken selber.«

Harald Welzer auf der Utopia-Konferenz 2009; siehe unter: https://www.youtube.com/watch?v=Ov-gnuj3wY8 (3. Juli 2018).

»Aber da der Erfolg weitgehend davon abhängt, wie gut man seine Persönlichkeit verkauft, erlebt man sich als Ware oder richtiger: gleichzeitig als Verkäufer und zu verkaufende Ware. Der Mensch kümmert sich nicht mehr um sein Leben und sein Glück, sondern um seine Verkäuflichkeit.«   Fromm, E. (1976): Haben oder Sein.
Die seelischen Grundlagen einer neuen Gesellschaft, Stuttgart.

»Eine bessere Welt wird sichtbar, wenn der verblendete Gehorsam aufgebrochen wird und sich in echte zwischenmenschliche Empathie verwandelt.«   Gruen, A. (2014): Wider den Gehorsam, Stuttgart.

»Am Ende gilt: Sag alles ab! Die Verweigerung ist ein guter Anfang. Hamster, halte das Rad an! Pflege den Müßiggang, die Eleganz, die Liebe! Verbünde dich in Betrieben und Ämtern!«
Haus Bartleby (Hrsg.) (2015): Sag alles ab!
Plädoyers für den lebenslangen Generalstreik, Hamburg.

»Keine Arbeit ist besser als jede Arbeit.«
Spät, P. (2014): Und, was machst Du so?
Fröhliche Streitschrift gegen den Arbeitsfetisch, Zürich.

»Im Grunde fühlt man jetzt [...], daß eine solche Arbeit die beste Polizei ist, daß sie jeden im Zaume hält und die Entwicklung der Vernunft, der Begehrlichkeit, des Unabhängigkeitsgelüstes kräftig zu hindern versteht. Denn sie verbraucht außerordentlich viel Nervenkraft und entzieht dieselbe dem Nachdenken, Grübeln, Träumen, Sorgen, Lieben, Hassen.«   Nietzsche, F. (1991): Morgenröte.
Gedanken über die moralischen Vorurteile, Stuttgart.

»Arbeit ist die Ursache nahezu allen Elends in der Welt. Fast jedes erdenkliche Übel geht aufs Arbeiten oder auf eine fürs Arbeiten eingerichtete Welt zurück. Um das Leiden zu beenden, müssen wir aufhören zu arbeiten.«   Black, B. (2003): Die Abschaffung der Arbeit, Löhrbach.

»Unser Leben ist der Mord durch Arbeit,
wir hängen sechzig Jahre lang am Strick und zappeln,
aber wir werden uns losschneiden.«

Büchner, G. (2008): Dantons Tod, 1. Akt, 2. Szene, Frankfurt am Main.

»Es ist das Wichtigste, was wir im Leben lernen können: das eigene Wesen zu finden und ihm treu zu bleiben. Einzig zu diesem Zweck sind wir gemacht; und keine andere Aufgabe ist wichtiger, als herauszufinden, welch ein Reichtum in uns liegt. Erst dann wird unser Herz ganz, erst dann wird unsere Seele weit, erst dann wird unser Denken stark.«

Drewermann, E. (2015): Das Wichtigste im Leben.
Worte mit Herz und Verstand, Mannheim.

»Es gibt reiche Männern in England, die täglich mit ihrem Vierspänner zwanzig oder dreißig Meilen zurücklegen, wie sie für dieses Vorrecht beachtliche Geldsummen bezahlen; aber wenn man ihnen für ihre Fahrten Entlohnung anbieten wollte, dann hieße dies, das Vergnügen in Arbeit verwandeln, und sie würden darauf verzichten.«

Twain, M. (1974): Tom Sawyer & Huckleberry Finn, Berlin.

»Die gute Nachricht: Man kann jetzt überall und jederzeit arbeiten.
Die schlechte Nachricht: Man kann jetzt überall und jederzeit arbeiten.«

Engelmann, J., Wiedemeyer, M. (Hrsg.) (2001): Kursbuch Arbeit.
Ausstieg aus der Jobholder-Gesellschaft – Start in eine neue Tätigkeitskultur?,
München.

»Zu viele von uns, in Arbeit oder in Erwartung von Arbeit, betäuben sich und ihren Kater mit Kaffee und Tabletten, um ein Leben auszuhalten, das sich über den Job definiert«.

Faßmann, A. (2014): Arbeit ist nicht unser Leben.
Anleitung zur Karriereverweigerung, Köln.

»Der Arbeiter fühlt sich daher erst außer der Arbeit bei sich und in der Arbeit außer sich. Zu Hause ist er, wenn er nicht arbeitet, und wenn er arbeitet, ist er nicht zu Haus. Seine Arbeit ist daher nicht freiwillig, sondern gezwungen, Zwangsarbeit. Sie ist daher nicht die Befriedigung eines Bedürfnisses, sondern sie ist nur ein Mittel, um Bedürfnisse außer ihr zu befriedigen. Ihre Fremdheit tritt darin rein hervor, daß, sobald kein physischer oder sonstiger Zwang existiert, die Arbeit als eine Pest geflohen wird.«

Marx, K. (2008):
Ökonomisch-philosophische Manuskripte, Leipzig.

»Der Söldner verkörpert die Logik der Lohnarbeit in ihrer reinsten und radikalsten Form. Er tut alles für Geld, er tötet und lässt sich töten, und zwar ohne ein anderes Motiv als das Geld selbst.«

Scheidler, F. (2016): Das Ende der Megamaschine.
Geschichte einer scheiternden Zivilisation, Wien.

Statt eines Nachwortes

Lieber Tobi Rosswog,

das muss einer sich erst einmal trauen, ohne viel Federlesens die beinah heiligste Kuh unter unseren modernen Selbstverständlichkeiten zu schlachten und zu behaupten, Jobarbeit sei eine ernste Gefahr für die Existenzsicherung der Menschen, während doch Arbeit – neben Gesundheit – gemeinhin als *der* Eckpfeiler der Lebenssicherheit schlechthin gilt. Die Argumente, die Sie gegen die Arbeit ins Feld führen, sind allerdings schlagend und durchweg von so verblüffender Plausibilität, dass einem die Kritik im Halse stecken bleibt. Völlig aussichtslos, sie in ihrer Fülle im Einzelnen in begründeter Zustimmung oder kritischer Auseinandersetzung zu würdigen, denn ich habe für diesen Brief an Sie nur drei Seiten zur Verfügung. So bleibt mir nur, mich mit einem herzhaften »Gut gebrüllt, Löwe!« für Ihre couragierte Klarstellung zu bedanken. Günther Anders hätte Ihren Text vielleicht als eine »produktive Übertreibung« charakterisiert, und das war in seiner Lesart ein hohes Lob. Ivan Illich hätte wahrscheinlich von einem »Vor-Urteil« gesprochen, von einer Haltung, die dem Text zugrunde liegt und ihm seine Wahrhaftigkeit verleiht, die allerdings etwas ganz anderes ist als die »Wahrheit« beweisgestützter wissenschaftlicher Tatsachen.

Bei so viel Bereitschaft, Ihnen zuzustimmen, wird mir unbehaglich, weil ich meine Furcht vor dem durch und durch Richtigen kultivieren will. Und das wiederum nicht, weil ich Ihnen missgönne, dass Sie recht haben, sondern weil ich um meine Schwäche weiß, das Ambivalente, das Widersprüchliche, das Sowohl-als-auch, das Schmuddelige und Uneindeutige auszuhalten.

Und Ambivalentes hat die Diskussion um die Arbeit definitiv. Sie haben der *Arbeit*, deren verheerende Wirkung Sie facettenreich durchschauen, als das utopische Andere die *Tätigkeit* gegenübergestellt. Mit dem Übergang von der Jobarbeit zur selbstbestimmten Tätigkeit, so die Hoffnung, erledigen sich alle Widrigkeiten, und die Möglichkeit des guten Lebens für alle tut sich auf. Der amerikanische Autor Wendell

Berry warnt in seinem Buch *The Hidden Wound* vor diesem (falschen) Versprechen. Er wendet sich an die Wohlmeinenden, die sich für soziale Gerechtigkeit engagieren und die sich darum der Abschaffung dessen, was im Herrenmenschen-Jargon herablassend »nigger-work« hieß, widmen. Was aber, wenn diese Arbeit notwendig ist?

Berry meint, keine Gesellschaft könne ohne sie existieren. Sie müsse getan werden. In wenigen Kulturen sei es zeitweilig gelungen, ihr eine eigene Schönheit und Würde zu geben, und Menschen, die solche harte, widrige, aber notwendige Arbeit verrichteten und in der Lage waren, sie gut zu machen, konnten durch sie Würde erlangen. Sie greifen dieses Thema auf, wenn es im Buch um Care-Arbeit geht.

Arbeit ist immer Segen und Fluch zugleich. In einer egalitären Gesellschaft muss es keine erniedrigende, entwürdigende Arbeit geben, aber harte schwere, auch widerliche, ekelerregende Arbeit kann den Menschen nicht erspart werden. Angestrebt werden kann, im Sinne der Humanität dafür Sorge zu tragen, dass alle Gesellschaftsmitglieder an ihr teilhaben können. »Können«? Nicht »müssen«? Tatsächlich begreift Wendell Berry es als ein unveräußerliches Recht, solche Arbeiten zu verrichten. Denn Menschen, die zu solcher Mühe und Plackerei nicht fähig sind, bleiben hinter ihren Möglichkeiten als Mensch zurück und werden die Härten, die in der Geschichte der Menschen allzu normal sind, nicht bestehen können. In alten Zeiten haben die Menschen sich der harten Arbeit, die sie im Schweiße ihres Angesichts hätten verrichten müssen, durch Sklaven- und Dienstbotenarbeit entledigt und damit ihre Humanität verloren. Später kamen die Maschinen hinzu, und heute steht der Roboter ins Haus. Ein Großteil der Anziehungskraft und Faszination, den die Technologie ausübt, beruht auf dem (falschen) Versprechen, dass die Menschen diese notwendige Arbeit loswerden können. Der Preis dafür ist immens: Es steht das Menschsein der Menschen auf dem Spiel. Und während Sie für die Abschaffung der Arbeit und die Rückkehr zur Tätigkeit plädieren, sind die Weichen der Industrie gestellt: Abschaffung der Arbeit durch Menschenersatz.

In Ihrem Buch appellieren Sie an den freien Willen Ihrer Mitmenschen. »Man muss es nur wollen – und dann auch tun«, das ist die Grundmelodie Ihres Appells. Und dem ist kaum zu widersprechen. Allenfalls vielleicht so: Das technogene Milieu breitet sich unaufhaltsam aus. Der Krieg gegen die Subsistenz wurde und wird unerbittlich geführt. Aber die Methoden haben sich verfeinert. Es ist nicht mehr so einfach zu unterscheiden, wann wir widerständig und wann wir in der Geste der Rebellion äußerst anpassungsfähig sind.

Dazu braucht es Freunde, die miteinander wachsam sind. Der eigene Wille ist eine unverzichtbare Triebfeder für Veränderung, aber er kann der Freundschaft auch im Wege sein.

Ich wünsche Ihnen für Ihr Buch hellhörige Leser und freue mich auf gemeinsame Diskussionen um Tätigkeit und Arbeit.

Marianne Gronemeyer
Autorin von »Die Grenze« und »Wer arbeitet, sündigt«

Danksagung

So ein Buch schreibt mensch nicht von heute auf morgen alleine. Es ist ein längerer Prozess mit vielen Impulsen und großartigen Diskussionen, viel Lesen von bereits Geschriebenem, vielen Erfahrungen im Leben, die in so ein Buch einfließen. Das Buch führt zwar meinen Namen als Autor auf, aber um mich als Person geht es dabei nicht. Es sind die Ideen, die in die Welt hinausgetragen werden dürfen. Deswegen ist es auch nicht »mein« Buch, sondern das Buch aller, die dazu in irgendeiner Weise beigetragen haben. Und das waren Unzählige und Unauflistbare. Ich versuche es dennoch, in der Hoffnung, nicht irgendwen dabei übergangen zu haben.

Ganz, ganz besonderer Dank gilt den zwei Menschen, die mich ganz intensiv in den letzten Tagen vor der Manuskriptabgabe begleitet und maßgeblich dazu beigetragen haben, dass Du nun dieses Buch lesen darfst: Helen Britt und Friederike Habermann, ich danke Euch aus tiefstem Herzen! Unglaublich dankbar bin ich auch für den Austausch mit Pia Selina Damm, Frieda Wolf, Maja Hoffmann, Indigo und vielen Weiteren für ihre achtsame und hilfreiche Kritik.

Ebenso danke ich den Menschen aus dem oekom verlag, insbesondere Laura Kohlrausch fürs Lektorat sowie die motivierende Begleitung und Christoph Hirsch für sein Vertrauen und den Startimpuls, sodass meine erste Veröffentlichung nun bei diesem Verlag erscheint.

Dank an all diese vielfältige Begleitung, damit nun dieses Buch in den Händen gehalten werden kann und hoffentlich zum Austausch anregt. Für die kommenden Diskussionen bin ich als Autor bereit und freue mich schon sehr auf den weiteren Prozess.

Zum Schluss der Dankbarkeitsrunde ist Platz für zwei Menschen, denen ich unendlich dankbar bin, weil ich erst durch sie überhaupt so werden durfte, wie ich heute bin: Anita und Hannes Rosswog. Sie lehrten mich »Wir können jetzt die Welt verändern«, so wie sie damals meine Welt veränderten. Wie wunderbar, dass es Euch gibt!

Anmerkungen

1   Sprache hat eine unvorstellbare Macht. In diesem Buch wird versucht, mit der Verwendung von »weiblichen« und »männlichen« Formen zu spielen. Oft findet sich dazwischen auch ein Gender*Sternchen: Es steht für die geschlechtliche Vielfalt. Schließlich gibt es mehr als nur Mann oder Frau!.

2   Frey, C. B.; Osborne, M. A. (2013): The future of employment: How susceptible are Jobs to Computerisation? Working Paper, Oxford.

3   Vgl. Die Welt: Mensch, hau ab! https://www.welt.de/print/welt_kompakt/web welt/article150891343/Mensch-hau-ab.html (03. 07. 2018).

4   Welzer, H. (2014): Mentale Infrastrukturen. Wie das Wachstum in die Welt und in die Seelen kam, Berlin.

5   Vgl. Oxfam: »8 Männer besitzen so viel wie die ärmere Hälfte der Weltbevölkerung. https://www.oxfam.de/ueber-uns/aktuelles/2017-01-16-8-maenner-besitzen-so-viel-aermere-haelfte-weltbevoelkerung (03. 07. 2018).

6   Unter anderem haben Karl Marx, Michael Heinrich, Ulrich Brand und Markus Wissen, Stephan Lessenich sowie Friederike Habermann eine tiefere Analyse und Kritik der kapitalistischen Verhältnisse formuliert.

7   Gronemeyer, M. (2012): Wer arbeitet, sündigt. Ein Plädoyer für gute Arbeit, Darmstadt.

8   Das durfte ich während eines der Vorträge von Friederike Habermann auf einer Folie lesen.

9   Arbeitstitel Tortenschlacht (2017): Reibungslied, Köln.

10 Voß, E. (2015): Über das Privileg, eine Karriere verweigern zu können, in: Haus Bartleby (Hrsg.): Sag alles ab! Plädoyers für den lebenslangen Generalstreik, Hamburg.

11 Post-Work nach Maja Hoffmann: Unter »Postwork« oder »Arbeitskritik« lassen sich die neueren Ansätze zusammenfassen, die, aufbauend auf einer langen intellektuellen Tradition, zum einen eine grundlegende Kritik an modernen Arbeits- oder Industriegesellschaften üben, in denen Erwerbsarbeit Dreh- und Angelpunkt ist für die Verteilung von Einkommen, sozialen Rechten, gesellschaftlicher Teilhabe, Anerkennung und Identität. Obwohl gemeinhin als »natürlich« angenommen, ist diese Gesellschaft mit Lohnverhältnis, Arbeitsmärkten und Arbeitslosigkeit historisch und kulturell eine Sonderform menschlichen Zusammenlebens. Zum anderen kritisiert wird die dieser Gesellschaftsform zugrunde liegende Arbeitsideologie oder Arbeitsethik, wonach Arbeit und Produktivität als Selbstzweck gelten und moralisch überhöht werden, völlig unabhängig davon, was gemacht wird oder welche Auswirkungen es hat. Postwork erschöpft sich allerdings nicht in Kritik, sondern verfolgt die emanzipatorische Überwindung der modernen Arbeitsgesellschaft hin zu einer freieren und demokratischen Organisation sozialen Zusammenlebens, inklusive aller Perspektiven, Fragen und Debatten, die sich daraus ergeben. Als Denkströmung ist Postwork trotz ähnlicher politischer Forderungen dennoch nicht einheitlich: Während manche auf technische Entwicklungen zur Abschaffung der Arbeit setzen, weisen andere gerade auf den denkwürdigen Umstand hin, dass Arbeit unabhängig von ihrer Notwendigkeit in modernen Gesellschaften immer zentraler wird, was auf strukturelle und kulturelle Aspekte hinweist, an denen die Technik nichts ändert. Neuerdings werden diese Fragen auch verstärkt in einem ökologischen Kontext behandelt.

12 Fromm, E. (1976): Haben oder Sein. Die seelischen Grundlagen einer neuen Gesellschaft, Stuttgart.

13 Ebd.

14 Vgl. Statista https://de.statista.com/statistik/daten/studie/221/umfrage/anzahl-der-studenten-an-deutschen-hochschulen/.

15 Faßmann, A. (2014): Arbeit ist nicht unser Leben. Anleitung zur Karriereverweigerung, Köln.

16 Vgl. Der Tagesspiegel: Jobcenter stecken Klienten in Kurse – um eigene Ziele zu erreichen. https://m.tagesspiegel.de/wirtschaft/hartz-iv-empfaenger-jobcenter-stecken-klienten-in-kurse-um-eigene-ziele-zu-erreichen/21112464.html?utm_referrer=http%3A%2F%2Fm.facebook.com%2F (03.07.2018).

17 Vgl. Der Spiegel: Arbeitslose spielen Kaufmannsladen. http://www.spiegel.de/wirtschaft/soziales/training-fuer-hartz-iv-empfaenger-arbeitslose-spielen-kaufmannsladen-a-686388.html (03.07.2018).

18 Vgl. Der Tagesspiegel: Deshalb werden die Ursachen von Armut in Deutschland verschwiegen. https://www.tagesspiegel.de/meinung/armutsforscher-christoph-butterwegge-deshalb-werden-die-ursachen-von-armut-in-deutschland-verschwiegen/10043732.html (03.07.2018).

19 Vgl. SWR: Immer mehr Menschen hoch verschuldet. https://www.swr.de/marktcheck/schuldner-atlas-deutschland-2017-immer-mehr-menschen-hoch-verschuldet/-/id=100834/did=20598912/nid=100834/1mb16rq/index.html (03.07.2018).

20 Perspektiven: Das Böse überlieben. Vgl. https://www.youtube.com/watch?v=dpNml5gY7VY.

21 Diesen Spruch habe ich das erste Mal in Hannover an einer Mauer geschrieben gesehen. Seitdem ist er mir an vielen anderen Orten wiederbegegnet.

22 Vgl. Zeit: So ein Stress. https://www.zeit.de/2013/41/arbeitsplatz-druck-stress-schweiz (03.07.2018).

23 Vgl. FAZ: Dauerstress schädigt das Gehirn. http://www.faz.net/aktuell/beruf-chance/beruf/nobelpreistraeger-thomas-suedhof-ueber-burnout-smartphones-und-staendige-erreichbarkeit-13837125.html (03.07.2018).

24 Vgl. The Guardian: Are smartphones making our working lives more stressful. https://www.theguardian.com/technology/2014/sep/18/smartphones-making-working-lives-more-stressful (03.07.2018).

25 Vgl. Forbes: Workplace Stress Leads To Less Productive Employees. https://www.forbes.com/sites/karenhigginbottom/2014/09/11/workplace-stress-leads-to-less-productive-employees/#1130620b31d1 (03.07.2018).

26 Vgl. DAK: 1,9 Millionen Berufstätige mit psychischen Problemen krankgeschrieben. https://www.dak.de/dak/bundes-themen/dak-psychoreport-2015-1718178.html (03.07.2018).

27 Vgl. Wirtschaftswoche: Leiser Lärm kann krank machen. https://www.wiwo.de/technologie/forschung/stress-im-buero-leiser-laerm-kann-krank-machen/9821876.html (03.07.2018).

28 Vgl. Zeit: Großraumbüro: Ich bin im Büro – holt mich hier raus! https://getpocket.com/a/read/1414877340 (03.07.2018).

29 Vgl. Die Welt: Arbeit macht Millionen Menschen todkrank. https://www.welt.de/wirtschaft/article115676499/Arbeit-macht-Millionen-Menschen-todkrank.html (03.07.2018).

30 Nietzsche, F. (1954): Muße und Müßiggang, München.

31 Krisis (1999): Manifest gegen die Arbeit, Nürnberg.

32 Brecht, B. (1934): Alfabet.

33 Adorno, T. W. (1951): Minima Moralia, Frankfurt a. M.

34 Hartmann, E. (2016): Wie viele Sklaven halten Sie? Über Globalisierung und Moral, Frankfurt a. M.

35 Vgl. Frankfurter Rundschau: Der planetarische Klassenkampf ist in der Endphase. http://www.fr.de/kultur/jean-ziegler-der-planetarische-klassenkampf-ist-in-der-endphase-a-1250317 (03. 07. 2018).

36 Cohen, G. (1995): Self-Ownership, Freedom and Equality, New York.

37 Patel, R. (2010): The Value of Nothing – Was kostet die Welt?, München.

38 Rawls, J. (1999): A Theory of Justice, Cambridge.

39 Vgl. Arte: Fetisch Karl Marx. https://www.arte.tv/de/videos/075206-000-A/fetisch-karl-marx/ (03. 07. 2018).

40 Pluchino, A.; Biondo, A. E.; Rapisarda, A. (2018): Talent vs Luck: the role of randomness in success and failure, New York (https://arxiv.org/abs/1802.07068).

41 Vgl. Spiegel: Fast jeder würde auf Befehl foltern. http://www.spiegel.de/wissenschaft/mensch/milgram-experiment-fast-jeder-wuerde-auf-befehl-foltern-a-1138728.html (03. 07. 2018).

42 Vgl. Süddeutsche Zeitung: 15 Prozent haben innerlich gekündigt. http://www.sueddeutsche.de/karriere/motivation-im-job-prozent-haben-innerlich-gekuendigt-1.2386542 (03. 07. 2018).

43 Vgl. Zeit: Arbeit wurde nicht erfunden, um uns glücklich zu machen. https://www.zeit.de/arbeit/2018-01/volker-kietz-job-erwartung-arbeit-sachbuch (03. 07. 2018).

44 Brecht, B. (2000): Me-ti, Buch der Wendungen, Berlin.

45 Vgl. Zeit: Ich bin im Büro – holt mich hier raus! https://www.zeit.de/karriere/2016-08/grossraumbuero-kritik-gesundheit-mitarbeiter/seite-2 (03. 07. 2018).

46 Foucault, M. (1993): Überwachen und Strafen. Die Geburt des Gefängnisses, Berlin.

47 Graeber, D. (2008): Frei von Herrschaft. Fragmente einer anarchistischen Anthropologie, Wuppertal.

48 Ware, B. (2013): 5 Dinge, die Sterbende am meisten bereuen. Einsichten, die Ihr Leben verändern werden, München.

49 Vgl. Welt: Fünf Dinge, die Sterbende am meisten bedauern. https://www.welt.de/vermischtes/article13851651/Fuenf-Dinge-die-Sterbende-am-meisten-bedauern.html (03. 07. 2018).

50 Vgl. Stepstone: Glückliche Mitarbeiter – erfolgreiche Unternehmen? http://www.stepstone.de/b2b/stellenanbieter/jobboerse-stepstone/upload/studie_gluck_am_arbeitsplatz.pdf (03. 07. 2018).

51 Vgl. Zeit: Arbeit wurde nicht erfunden, um uns glücklich zu machen. https://www.zeit.de/arbeit/2018-01/volker-kietz-job-erwartung-arbeit-sachbuch (03. 07. 2018).

52 Vgl. Xing: Frohes Schaffen. Wieso Arbeit und Glück zusammengehören. https://www.xing.com/news/klartext/frohes-schaffen-wieso-arbeit-und-gluck-zusammengehoren-2377 (03. 07. 2018).

53 Böll, H. (1994): Werke: Band Romane und Erzählungen 4, Köln.

54 Vgl. FAZ: Geld allein macht auch nicht glücklich. http://www.faz.net/aktuell/wirtschaft/richard-easterlin-geld-allein-macht-auch-nicht-gluecklich-12956560.html (03. 07. 2018).

55 Vgl. Destatis: Wo bleibt die Zeit? Die Zeitverwendung der Bevölkerung in Deutschland 2001/02 https://www.destatis.de/DE/Publikationen/Thematisch/Einkommen KonsumLebensbedingungen/Zeitbudgeterhebung/WobleibtdieZeit5639101029004.pdf?__blob=publicationFile (03. 07. 2018).

56 Weeks, K. (2011): The Problem with Work. Feminism, Marxism, Antiwork Politics, and Postwork Imaginaries, North Carolina.

57 Gronemeyer, M. (2012): Wer arbeitet, sündigt. Ein Plädoyer für gute Arbeit, Darmstadt.

58 Vgl. Zeit: Ich arbeite, also bin ich. https://www.zeit.de/karriere/beruf/2014-07/gastbeitrag-arbeit-sinn (03.07.2018).

59 »Was die kleine Momo konnte wie kein anderer, das war das Zuhören. Das ist doch nichts Besonderes, wird nun vielleicht mancher Leser sagen, zuhören kann doch jeder. Aber das ist ein Irrtum. Wirklich zuhören können nur recht wenige Menschen. Und so wie Momo sich aufs Zuhören verstand, war es ganz und gar einmalig. [] Sie konnte so zuhören, dass ratlose, unentschlossene Leute auf einmal ganz genau wussten, was sie wollten. Oder dass Schüchterne sich plötzlich frei und mutig fühlten. Oder dass Unglückliche und Bedrückte zuversichtlich und froh wurden. Und wenn jemand meinte, sein Leben sei ganz verfehlt und bedeutungslos und er selbst nur irgendeiner unter Millionen, einer, auf denen es überhaupt nicht ankommt, und er ebenso schnell ersetzt werden kann wie ein kaputter Topf – und er ging hin und erzählte das alles der kleinen Momo, dann wurde ihm, noch während er redete, auf geheimnisvolle Weise klar, dass er sich gründlich irrte, dass es ihn, genauso wie er war, unter allen Menschen nur ein einziges Mal gab und dass er deshalb auf seine besondere Weise für die Welt wichtig war. So konnte Momo zuhören!« Ende, M. (2005): Momo, Stuttgart.

60 Rosa, H. (2018): Resonanz statt Reichweitenvergrößerung, in: Becker, M.; Reinicke, M. (Hrsg.): Anders wachsen! Von der Krise der kapitalistischen Wachstumsgesellschaft und Ansätzen einer Transformation. München.

61 Paulsen, R. (2010): Arbetssamhället – hur arbetet överlevde teknologin, Malmö.

62 Frey, C. B.; Osborne, M. A. (2013): The future of employment: How susceptible are Jobs to Computerisation? Working Paper, Oxford.

63 Bonin, H.; Gregory, T.; Zierahn, U. (2015): Übertragung der Studie von Frey/Osborne (2013) auf Deutschland. ZEW Kurzexpertise 57. Mannheim: Zentrum für Europäische Wirtschaftsforschung.

64 Zum Selbertesten: https://job-futuromat.iab.de/. Was hätte eine solche großflächige Übernahme durch Roboter für Konsequenzen? Wenn wir auf den Bereich Landwirtschaft schauen, ist der logische Effekt, dass immer mehr industrielle Landwirtschaft in Form von gentechnisch veränderten, vergifteten und von riesigen Maschinen erzeugten Monokulturen entstehen wird. Ist das zukunftsfähig?

65 Die entscheidende Frage ist: Wo kommen all die Rohstoffe und all die Energie eigentlich her? Wie destruktiv und ausbeuterisch kann ein »Zukunftsprojekt« eigentlich sein? Wenn wir in die »Rohstoffstrategie« der Bundesregierung blicken, finden wir, was sie da über die nötige Verfügbarkeit von Rohstoffen für »Zukunftstechnologien« schreiben. »Die deutsche Wirtschaft braucht Rohstoffe, um ihren Erfolgskurs fortzusetzen und damit Wachstum und Arbeitsplätze in Deutschland zu sichern.« Und wie wir drankommen, finden wir im Weißbuch der Bundeswehr. Auch da wird die Normalität des Lebens auf Kosten anderer nach imperialer Manier schwarz auf weiß festgehalten.

66 Krisis (1999): Manifest gegen die Arbeit, Nürnberg.

67 Vgl. BUND: Garzweiler II. Braunkohle im Rheinland. https://www.bund-nrw.de/fileadmin/nrw/dokumente/braunkohle/2018_03_Braunkohle_im_Rheinland_-_Garzweiler_II.pdf (03.07.2018).

68 Vgl. Spiegel: Erst die Jobs, dann das Klima. http://www.spiegel.de/wirtschaft/soziales/kohlekommission-erst-die-jobs-und-dann-das-klima-a-1208000.html (03.07.2018).

69 »Dass Deutschland zu viel emittiert, ist, glaube ich, hinlänglich bekannt und diskutiert« – so eine Sprecherin des Bundesumweltministeriums (vgl. http://www.tagesschau.de/inland/kohlendioxid-budget-klimaschutz-101.html) Aber: Es wird eben nur diskutiert. Das ist das Problem der klassischen Umweltbewegung samt

Umweltbildung der letzten 40 Jahre. Ratio statt Emotio – ein großer Fehler, durch den fast alle Nachhaltigkeitsbemühungen scheitern mussten. Spätestens seit dem Bericht des Club of Rome 1972 wissen wir um die Grenzen des Wachstums. Das wiederholte sich dann in verschiedenen verklausulierten Sätzen im Brundtlandbericht 1987 oder in irgendwelchen Protokollen der Klimaverhandlungen seit dem Erdgipfel in Rio 1992. Die traurige Erkenntnis ist: Die meisten Menschen möchten anders handeln, tun es aber nicht. Dabei haben wir es meiner Perspektive nach mit zwei Herausforderungen zu tun: a) »Wissen ist Macht« gilt immer noch, aber macht macht- und handlungslos, denn Wissen erzeugt keine Beziehung, berührt mich nicht und schafft damit keinen Bezug zwischen mir und dem anderen. Ich weiß in etwa seit der ersten Klasse, dass ein Baum das gute O_2 (Sauerstoff) gibt und das böse CO_2 (Kohlenstoffdioxid) nimmt. Trotzdem folgt daraus nichts für mein Tun. Wenn ich aber eine emotionale Beziehung zu Bäumen aufbaue, kann ich diese nicht fällen lassen. Die Ratio hat keinen handlungsgebenden Impuls, sondern nur die Emotion, wenn wir dem Neurobiologen Gerhard Roth glauben dürfen. b) Wir lernen von Kindesbeinen an: Theorie ist fein, solange keine Praxis folgen muss. Der Lehrer erklärt uns das eine und bezeichnet es als gut und tut im gleichem Atemzug genau das Gegenteil. Es ist eine große Lücke zwischen A sagen und B tun.

70 Vgl. Umweltbundesamt: Earth Overshoot Day 2017: Ressourcenbudget verbraucht. https://www.umweltbundesamt.de/themen/earth-overshoot-day-2017-ressour cenbudget (03. 07. 2018).

71 Thoreau, H. D. (1951): Die Welt und ich, Gütersloh.

72 Vgl. Heise: Studie: ITK-Branche größter Industrie-Arbeitgeber in Deutschland. https:// www.heise.de/newsticker/meldung/Studie-ITK-Branche-groesster-Industrie-Arbeitgeber-in-Deutschland-3871790.html (03. 07. 2018).

73 Vgl. Wirtschaftswoche: Besserverdienende schaden der Umwelt mehr. https://www. wiwo.de/technologie/green/studie-besserverdienende-schaden-der-umwelt-mehr/13988250.html (03. 07. 2018).

74 Hartmann, K. (2018): Die Grüne Lüge. Weltrettung als profitables Geschäftsmodell, München.

75 Proudhon, P.-J. (2018): Was ist das Eigentum? Untersuchungen über die Grundlagen des Rechts und der Herrschaft, Münster.

76 Thoreau, H. D. (1951): Die Welt und ich, Gütersloh.

77 Trefflich bringt es die Geschäftsführerin Meera Zaremba von MeinGrundeinkommen in einem Talk unter dem Titel »Die Arbeit des Menschen ist unantastbar« auf den Punkt: »Vollbeschäftigung ist die Tarnung des Kapitalismus. Vollbeschäftigung heißt, keine Macht- und keine Sinnfragen mehr zu stellen, sondern sich für Tariflöhne den Mund fusselig zu trillern und sich über 8,50 Mindestlohn zu freuen und zu denken: Immerhin verdiene ich mein eigenes Geld!« Vgl. https://www.youtube.com/watch?v=kkLHlF30HV0&feature=youtu.be (03. 07. 2018).

78 Vgl. Arte: Fetisch Karl Marx. https://www.arte.tv/de/videos/075206-000-A/fetisch-karl-marx/ (03. 07. 2018).

79 Habermann, F. (2015): Wir werden nicht als Egoisten geboren, in: Helfrich, S., Heinrich-Böll-Stiftung (Hrsg.): Commons. Für eine neue Politik jenseits von Markt und Staat, Bielefeld.

80 Spielerisch, wie es auch im folgenden Buch betrachtet wird: Black, B. (2003): Die Abschaffung der Arbeit, Löhrbach.

81 Kerkeling, L. (2012): ¡La Lucha Sigue! – ¡Der Kampf geht weiter!, Münster.

82 Vgl. Newsletter BBE: Grundlagen einer Postwachstumsökonomie. Wie werden wir zukünftig leben? http://www.b-b-e.de/fileadmin/inhalte/aktuelles/2015/02/nlo3_gastbeitrag_paech.pdf (03. 07. 2018).

83 Sprachlich verwenden wir Besitz und Eigentum fast fahrlässig synonym. Dabei gibt es einen großen Unterschied: Wenn ich auf einem Stuhl an der Uni sitze, besitze ich diesen. Besitz ist also ein soziales Verhältnis zwischen mir und einem Gegenstand. Der Stuhl ist allerdings im Eigentum der Uni. Das beschreibt ein rechtliches Verhältnis. Mit Eigentum geht also die Exklusionslogik einher. Denn egal, ob der Stuhl gerade verwendet wird oder nicht, kann ich von diesem ausgeschlossen werden, oder er wird mir für Geld vermietet. Das ist der Unterschied zwischen Besitz und Eigentum. Friederike Habermann macht dazu ein schönes Bild auf: »Besitz anerkennen und Eigentum abschaffen hieße, denen die Häuser, die darin wohnen, das Land jenen, die es bewirtschaften, die Seen für alle zum Hineinspringen und die Bohrmaschine derjenigen, die bohrt. Wenn aber jemand nicht teilen möchte oder sich von anderem, scheinbar Ungenutztem nicht trennen mag, gehen deshalb die Ressourcen dieser Welt noch lange nicht zu Ende.«

84 Klute, G. (2003): Läßt sich Geld zähmen? Ethnologische Perspektiven auf die Monetarisierung, in: Zeitschrift für Ethnologie, Berlin.

85 Adorno, T. W. (1951): Minima Moralia, Frankfurt a. M.

86 In ihrem Buch »Eine Kuh für Hillary« beschreiben die Soziologinnen Maria Mies und Veronika Bennholdt-Thomson das Ziel der Subsistenzproduktion als »›Leben‹. Bei der Warenproduktion ist das Ziel Geld, das immer mehr Geld ›produziert‹, oder die Akkumulation des Kapitals. Leben fällt gewissermaßen nur als Nebeneffekt an.«

87 Vgl. Destatis: Konsumausgaben, Lebenshaltungskosten. https://www.destatis.de/DE/ZahlenFakten/GesellschaftStaat/EinkommenKonsumLebensbedingungen/Konsumausgaben/Konsumausgaben.html (03.07.2018).

88 Habermann, F. (2009): Halbinseln gegen den Strom. Anders leben und wirtschaften im Alltag, Sulzbach.

89 Über die Parteigrenzen hinweg zieht sich dieser Lobgesang auf die Arbeit. Manchmal wird sich dabei auch auf die Bibel bezogen. Im 2. Thessalonicher, Kapitel drei Vers zehn steht in der Luther-Bibel geschrieben, »[...] daß, so jemand nicht will arbeiten, der soll auch nicht essen«. Ein Ex-SPD-Arbeitsminister namens Franz Müntefering konnte sogar einst entweder diese Stelle aus angeblich christlichen Motiven aus der Bibel oder eben sogar aus der eigentlich doch so atheistisch geprägten Sowjetunion in der Verfassung unter Artikel 12 frei zitieren, als er sagte: »Wer nicht arbeitet, soll auch nicht essen.« Und da sag noch mal wer, dass sich mit der Bergpredigt oder Bibel im Allgemeinen keine Politik betreiben ließe – irgendwie ja doch. Und aberwitzig auch, dass die beiden Politiker Wladimir Iljitsch Lenin und Franz Müntefering diesen Slogan gemeinsam haben; wem ist das schon bewusst.

90 Das war eine Frage während des taz.Lab 2018, einer Großveranstaltung zur Zukunft der Arbeit, mit Podiumsgästen wie der Vorsitzenden der Linken Katja Kipping und dem grünen Oberbürgermeister von Tübingen, Boris Palmer. Vgl. https://www.taz.de/programm/2018/Arbeit2018/de/events/651.html (03.07.2018).

91 Der Ausdruck stammt von der Göttinger Gruppe 180 Grad beziehungsweise konkreter von Julian Bierwirth.

92 Die besondere Aufgabe einer solchen Bewegung liegt darin, die aktuell entstehende Ohnmacht und damit einhergehende Orientierungslosigkeit sowie Verunsicherung weiter Teile der Bevölkerung aufzufangen und klare Ideen zu formulieren und aufzuzeigen, damit diese nicht den Rechten mit ihren menschenverachtenden Ideen überlassen werden, die dieses Machtvakuum damit schließen möchten, die Grenzen dicht zu machen.

93 Laut Internetseite ist das Ziel von Sanktionsfrei: »Alle, die auf staatliche Hilfe angewiesen sind, sollen garantiert und angstfrei abgesichert sein. Sanktionsfrei setzt auf Vertrauen statt Druck. Wir wollen gemeinsam mit euch herausfinden,

was sich verändert, wenn Menschen nicht sanktioniert werden. Wir wünschen uns eine Gesellschaft, die sich gegenseitig unterstützt, und bauen mit Sanktionsfrei eine solidarische Online-Community auf.«

94 Eine Randbemerkung, wie das Interview zustande gekommen ist: Als ich mich für den 11. Mai mit Uwe zum Telefonat für einen Austausch verabredet habe, musste ich ein paar Minuten vorher absagen, weil in unserem neuen Kollektiv-Haus genau in diesem Moment emotionale Prozesse nicht warten konnten. Ein paar Zeilen schrieb ich ihm in der Mail und dachte mir noch: »Na ja, wenn Uwe danach kein Bock mehr hat, kann ich ja einfach schreiben, dass Care wichtiger ist!« Als ich nach einem intensiven zweistündigen Emo-Plenum mit vielen befreienden Tränen wieder in meine Mails schaue, finde ich eine Mail von Uwe, die auf einen Twitterpost verweist, in dem er beschreibt, dass er 0,5 Sekunden sauer war, aber dann feststellen musste, dass meine Prioritäten genau richtig sind. Danke Dir für diese Erfahrung, den Austausch und Dein Sein, lieber Uwe!

95 Adorno, T. W. (1951): Minima Moralia, Frankfurt a. M.

96 Adorno, T. W. (1959): Moralphilosophie, Vorlesung vom 29.11.1959, zitiert nach: Schweppenhäuser, Ethik nach Auschwitz, Hamburg.

97 Notz, G. (2012): Alternative Ökonomie und Feminismus, in: workstation Ideenwerkstatt berlin e. V. (Hrsg.): Von Grasmöbeln, 1 €-Jobs und Anderem, Neu-Ulm.

98 Um es klarzustellen: In einer Post-Work-Gesellschaft wird es weiterhin Tätigkeiten geben, die nicht unmittelbar und jederzeit Freude bereiten. Weiterhin wird es immer Notwendiges geben, was getan werden muss. Die Sozialwissenschaftlerin, Aktivistin und Journalistin Brigitte Kratzwald weist wichtigerweise darauf hin, dass Aufgaben zwischen »Lust und Notwendigkeit« übernommen werden. Die Theologin und Autorin Ina Praetorius spricht an dieser Stelle von der »Wiederentdeckung des Selbstverständlichen«. Das gegenseitige Kümmern wird wieder zum Kern unseres gesellschaftlichen Miteinanders. Genau das ist verloren gegangen und zeigt auch, dass die Welt gestaltbar sowie veränderbar ist.

99 Habermann, F. (2016): Ecommony. UmCARE zum Miteinander, Sulzbach.

100 Graeber, D. (2011): Schulen. Die ersten 5000 Jahre, Stuttgart.

101 Habermann, F. (2016): Ecommony. UmCARE zum Miteinander, Sulzbach, S. 107–108.

102 Eine kurze unvollständige Aufzählung von Denker*innen und Strömungen, die sich mit Arbeitskritik beschäftigt haben: Karl Marx, Friedrich Nietzsche, Paul Lafargue, Heinrich Böll, Herbert Marcuse, Ivan Illich, Bob Black, Bertrand Russell, Guy Debord. Kritische Theorie, Operaismus und Post-Operaismus, die Situationistische Internationale sowie die aus anarchistischen Kreisen stammende Anti-Arbeits-Bewegung. Weiter zu nennen sind im aktuellen Diskurs: Kathie Weeks, David Frayne, Roland Paulsen, Peter Seyferth, Michael Hirsch, Marianne Gronemeyer, Friederike Habermann u. v. m.

103 Marx, K. (1969): Thesen über Feuerbach, Berlin.

104 Lessenich, S. (2017): Grenzen der Ausbeutung? Wie der globale Norden über die Verhältnisse des Südens lebt, in: isw Report 109.

105 Camus, A. (1996): Der Mensch in der Revolte, Leipzig.

106 Vgl. MeinGrundeinkommen: Neue Umfrage. Deutschland will Grundeinkommen! https://www.mein-grundeinkommen.de/news/35KJ62Fl7SuyCeqs2oqyEc (03.07.2018).

107 Herzlichsten Dank an der Stelle an Maja Hoffmann, die diesen Einwand noch mal stark gemacht hat – außerdem für ihre unzähligen Kommentare sowie ihre großartige Masterarbeit »Change put to work. A degrowth perspective on unsustainable work, postwork alternatives and politics«.